JN142111

ネコもよう図鑑

色や柄がちがうのはニャンで？

浅羽　宏　著

化学同人

いつもと違う目でネコを見る

私たちの身の周りには、多くのネコが暮らしています。ネコの毛並みの美しさや姿形のかわいらしさ、しぐさの愛らしさや性格の人なつっこさなどは、私たちを魅了し、世の中のネコ好きを増やしているようです。書店にはネコに関する本がずらりと並び、雑貨店にはネコをモチーフとしたさまざまな商品があふれています。

私たちがネコを見てすぐに気がつくのは、その体型や毛の色、模様の特徴などでしょう。ペットショップを訪れると、さまざまな品種のネコが高額で販売されており、初めて見るような色や模様にも出会うことがあります。しかし、本書では、このような、高級で華麗なネコたちからいったん目を外し、できるだけ家の周りや街中で暮らしている普通のネコに目を向けてみることにします。

ネコの毛色と模様がどのように子どもに遺伝するかについては、これまで世界中で多くの研究がおこなわれてきました。その結果、ネコの毛色と模様は、比較的単純な遺伝のしくみで決まる場合の多いことが知られています。そのしくみがわかると、本書では、いつもと違った視点でネコを見ることができます。本書では、ネコの毛色と模様の

遺伝のおもしろさを、できるだけ多くのみなさんに理解していただき、ネコについての新しい見方を提案したいと思っています。

そこで、あまり専門的な内容には立ち入らずに、基本的な遺伝に絞って記述していきます。野外であまり出会わない毛色や模様に関わる遺伝子の働きについては、説明をごく一部にとどめることにしました。より発展的な遺伝様式や、分子生物学的な最新の内容については、巻末の参考文献等をご参照ください。

ネコの毛色や模様にはいろいろな表し方があるため、もしかすると、この本で紹介するネコの毛色や模様の名前が、読者のみなさんが知っている名前と異なっているかもしれません。また、聞いたことがない毛色や模様に関する記述が出てきて、とまどうことがあるかもしれません。そこでこの本では、毛色や模様の表記を、第一部の8〜9ページで述べるもので統一しようと思います。以降の章を読み進まれていくなかで、「あれ？」と思われたときには、そこに戻って確認してください。

この本をご覧になり、ネコの毛色と模様の遺伝について、少しでも興味をおもちいただき、「かわいい」「愛おしい」などとはちょっと違った「科学の目」でネコを見る楽しさを感じてもらえましたら幸いです。

もくじ

第一部　入門編

ネコの毛色と模様が決まるしくみ

ネコにはいろいろな模様がありますが、どんな種類があるでしょうか。実は、遺伝のしくみを考えると、いくつかのパターンに分類することができます。第一部では、ネコの毛や模様の種類を紹介し、それが、どんな遺伝子で決まるのかを簡単に解説します。

ネコの毛について

一本一本の毛の色

ネコの毛色は、おもに**白・黒・茶の三色**です。これらがさまざまに組み合わさって、変化に富んだネコの毛色と模様が現れます。実際には、ほかにもさまざまな色の毛が存在しています。全体が灰色だったり、毛の先端から半ばだけが黒で根元は白だったり、茶色がごく薄くなっていたり、たくさんの変異（変わりもの）がありますが、基本は次の①～④の四種類であることを頭に置いておいてください。

白色	①白毛	一本の毛全体が白色
黒色	②黒毛	一本の毛全体が黒色
	③アグチ毛	根元と先端は黒色で中間部が茶色というように色が交互になっている
茶色	④茶毛	一本の毛全体が茶色

アグチ毛について

下の写真は、キジネコのアグチ毛を光学顕微鏡の透過光で観察したものです。中心部分が黒く見えるのは、色素のせいではなく、毛の内部（毛髄）に空気を含んだ多数の泡が形成されて蜂の巣状になるためです。

①は、アグチ毛の黒い部分です。上下の部分（毛皮質）に黒い色素が密に形成されています。光が通りにくいために黒っぽくみえます。

②は、アグチ毛の薄い茶色の部分で、上下の部分には、茶色の色素がまばらに形成されているのがわかります。

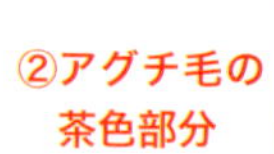

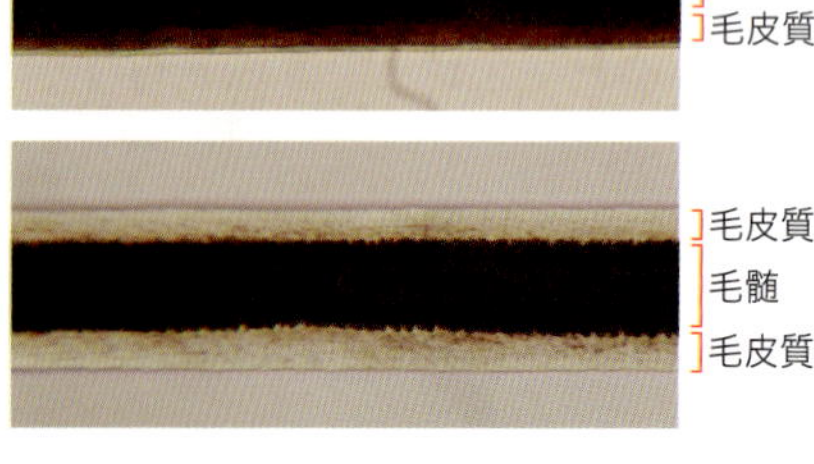

茶毛　アグチ毛　黒毛　白毛

一本の毛のおもな色
上の図は、アイコンとして、このあとの説明に出てきますので、覚えておいてください。

毛の色と配置が模様をつくる

ネコの体全体が同じ色になる場合、多くは、一種類の毛の色だけで決定されます。体が白一色のネコは白毛のみ、黒一色のネコは黒毛のみです。

アグチ毛や茶毛がある場合、多くは体に**シマ模様**が現れます。

また、茶毛や黒毛やアグチ毛などをもつネコで、体の一部分が白くなっている場合もあります。これは、白毛の部分（「**ブチ**」といいます）がかたまって不規則な形となり、色のついている部分に入り込んでいることによります。

私たちが着ている衣服の布を思い出してみましょう。布は、一本一本の糸が織られ、集まってできています。その糸の色と、それらがどのように配置されるかによって、全体の**模様**が決まります。

ネコの場合もこれと同じです。おおまかに言うと、一本一本の毛の色とそれらの配置が一つのまとまりとなって私たちの目に入り、それが一匹のネコの「模様」として、「三毛ネコ」や「キジネコ」というように、認識されるのです。

したがって、ネコの見た目を分類するのに重要なのは、次の二つです。

- **一本一本の毛の色**
- **全体の配置**

このあとは、この二つの要素を手がかりに、ネコの模様ができあがるしくみを説明していきます。

中央アメリカから南アメリカの低地林やサバンナに、「アグーチ」（学名 *Agouti paca*）という げっ歯目パカ科の動物がすんでいます。体長は50～70㎝、体重は3～6 kgほどです。「アグチ毛」の名前はこれに由来しています。

ネコのほかにも、タヌキ、ハクビシンなどいろいろな動物がアグチ毛をもっています。

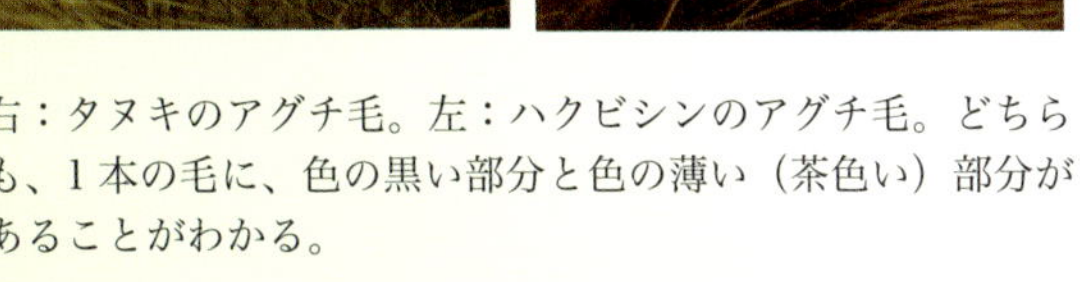

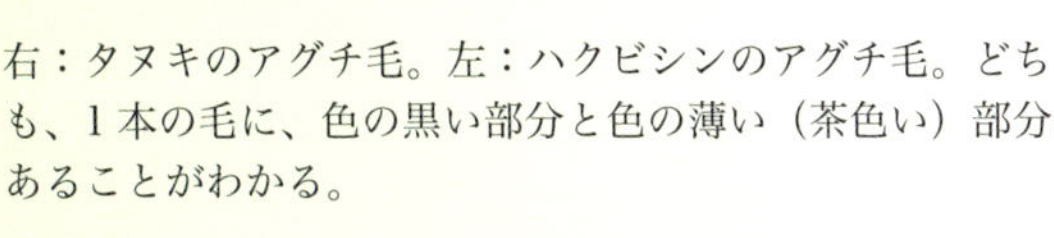

右：タヌキのアグチ毛。左：ハクビシンのアグチ毛。どちらも、1本の毛に、色の黒い部分と色の薄い（茶色い）部分があることがわかる。

ネコのおもな模様（毛色とその配置）

11通りの模様の名前

日本の野外で見られるネコの模様で、外来遺伝子が入り込んでいないおもなものを、遺伝のしくみにもとづいて分類すると、次の**11通りのパターン**になります。これ以降は、ここに示した名前を用いることにします。この表記は便利で、ひと言でそのネコの「**毛色とその配置**」を理解することができます。はじめはわかりにくいかもしれませんが、ぜひこれらの使い方に慣れてください。

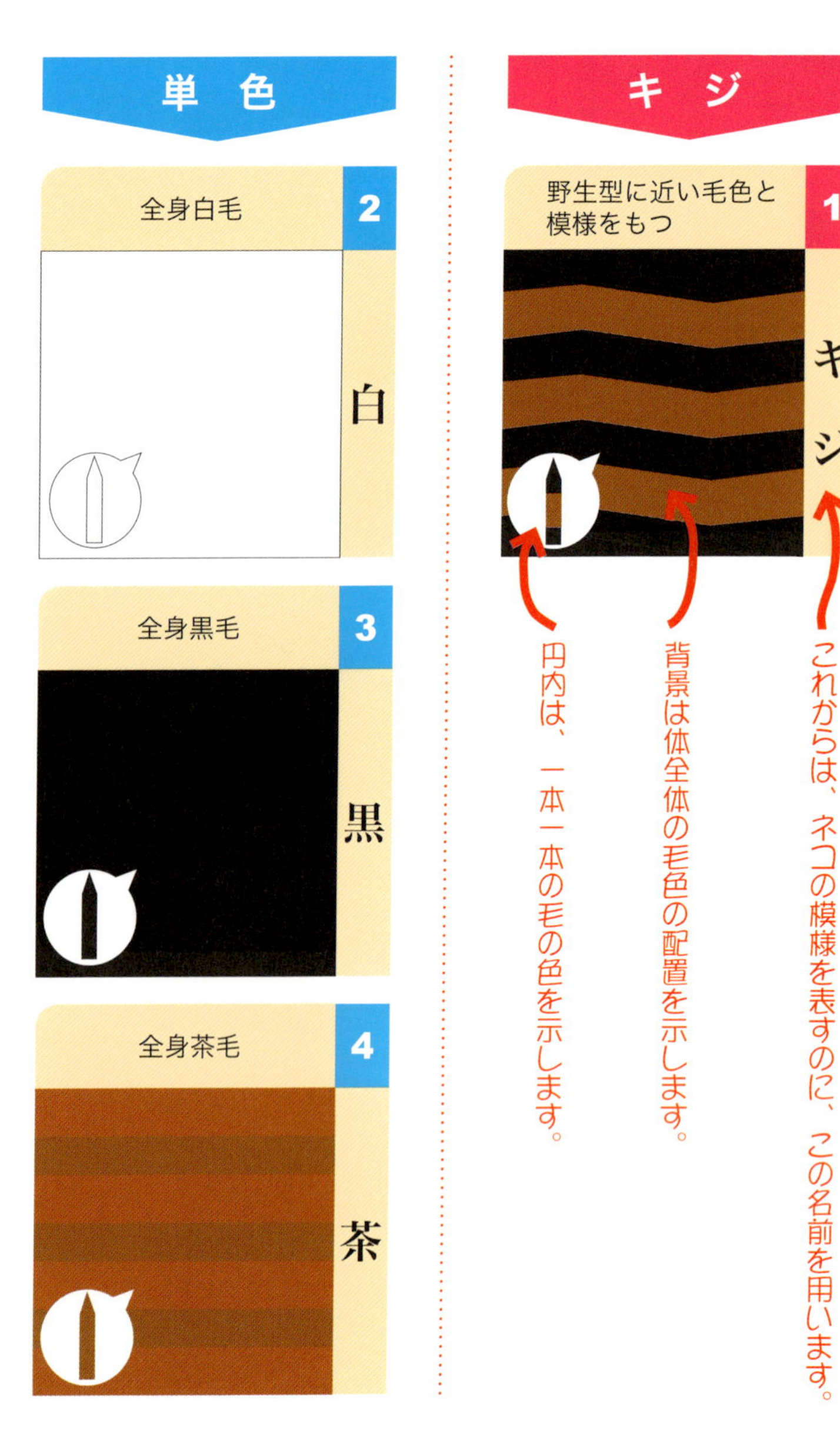

三毛（みけ）

10 体に白毛、黒毛、茶毛をもつ

黒三毛

11 体に白毛、アグチ毛、茶毛をもつ

キジ三毛

二毛（にけ）

8 体に黒毛と茶毛をもつ

黒二毛

9 体にアグチ毛と茶毛をもつ

キジ二毛

※二毛と三毛はメスのみがもつ模様となります。

ブチ

5 体に白毛と黒毛をもつ

黒ブチ

6 体に白毛と茶毛をもつ

茶ブチ

7 体に白毛とアグチ毛をもつ

キジブチ

模様パターン 1

キジ

野生型に近い毛色と模様

キジネコの一本一本の毛は**アグチ毛**です。全体の印象として、**黒と茶灰色**が混ざり、黒いスジが頭や体や手足に見られます。体全体に、背骨と直角の向きに20～30本前後の**シマ模様**が走っているのが特徴です。このタイプは、「**トラネコ**」とよばれることもあります。

この毛色と模様は多くのネコ科動物に見られ、飼いネコの原種に最も近いと考えられます。

背骨と直角の方向のシマ模様が全身に走っている

体表の毛のある部分の拡大(アグチ毛になっているのがわかる)

左はキジのメス、右はオス。「キジ」の名は、メスの羽根の模様から来たと言われている。

模様パターン２

白

●全身白毛

白ネコは、**白一色**のネコであり、体全体をくまなく探しても、茶色や黒色の部分はまったくありません。一本一本の毛は白色の**白毛**で、色のついている毛は体中のどこにも見られません。

もし、足や手の先、尾の先端などに黒色や茶色が少しでも見られたら、それは白ネコではなくて、後で紹介する黒ブチや茶ブチ、キジブチなど、ほかの模様のネコです。

模様パターン 3　黒

全身真っ黒で、白や茶色は見られない

●全身黒毛

黒ネコの体中の毛は、すべて**黒一色**です。一本一本の毛は全体が黒色の**黒毛**で、そのために体全体が黒色になります。体にシマ模様や、白毛、茶毛の部分はありません。

いわゆる「**クロネコ**」で、左の写真のように体が黒一色なので、判別しやすいタイプです。

模様パターン 4　茶

体表の毛のある部分の拡大（すべて茶毛）

● 全身茶毛

毛色が**茶一色**の個体で、体中の毛は、多少の濃淡はあってもすべて**茶毛**になっています。普通は、背骨に直角の方向に**シマ模様**が見られることが多いです。このシマ模様は体全体にあり、濃い部分と薄い部分とが交互に現れていますが、黒毛や白毛はありません。

色が茶色なのと、シマ模様があることから、このタイプを「**茶トラ**」などとよぶこともあります。

模様パターン 5

黒ブチ

体に白毛と黒毛

体全体を見ると、毛色に**黒色**と**白色**とが混在しているネコです。白色の毛（**ブチ**）の範囲は、体のほとんどを占めるほど広いものから、ごく狭いものまでいろいろです。黒い部分には**黒毛**、白い部分には**白毛**が生えています。一本の毛に黒色と白色とが混ざっていることはありません。

広い範囲の白色（ブチ）の部分は、お腹の下側に多く見られます。左の写真のネコは白い部分が体の半分よりやや多くなっています。

模様パターン 6

茶ブチ

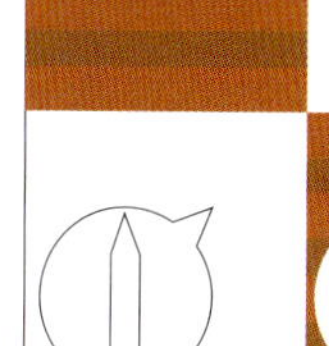

●体に白毛と茶毛

体全体に、**茶色**と**白色**が見られるネコです。茶色の部分には**茶毛**、白い部分には**白毛**が生えています。一本の毛に茶色と白色とが混ざっていることはありません。白色の毛の範囲はかなり広いものから、ごく狭いものまであります。顔の下半分、胸の上部、手足の先端などが白くなっている場合がよく見られます。茶色部分に**シマ模様**が見られるのは、茶毛にも色が濃い毛と薄い毛があり、それらがシマ状になるためです。このシマ模様は、キジやキジブチより薄くなります。

茶色部分はシマ模様が見られることが多い（ただし、キジよりも薄い）

手足の先が白くなっていることが多い

模様パターン 7

キジブチ

キジとブチの境界部分の拡大（アグチ毛と白毛がある）

●体にアグチ毛と白毛

体全体に、**キジ**と**白色**が見られるネコです。一本一本の毛を見ると、キジの部分には**アグチ毛**、白い部分には**白毛**が生えています。一本の毛に白と黒、あるいは白と茶が混ざっていることはありません。

アグチ毛の部分では、はっきりわかる**シマ模様**が見られます。左の写真では、二匹ともに黒と茶灰色の交互になったシマ模様が見られます。白色部は体の下半分に多いです。

模様パターン 8

黒二毛

これ以降（パターン8〜11）のネコはメスネコの毛色になります。その理由は25ページで説明しています。

● 体に黒毛と茶毛

二毛のネコには「茶色と黒」「茶色とキジ」の二種類があります。左のネコには、**黒毛**と**茶毛**が両方見られます。頭や鼻先は真っ黒になっているのがわかります。これらは、一本一本の毛が黒毛の部分です。その周囲には茶毛が見られます。白毛の部分はなく、黒色と茶色が体の表面に混在しています。このタイプのネコを、「**サビネコ**」ということもありますが、この本では「**黒二毛**」とよんでいきます。

模様パターン 9

キジ三毛

● 体にアグチ毛と茶毛

左の写真のネコの黒っぽい部分は、前ページの「黒三毛」のネコとは違って、真っ黒ではありません。よく見ると、茶灰色と黒色の部分とが**シマ模様**になっています。この部分は「**キジ**」です。キジの部分の周囲には、**茶色**の毛だけの部分がはっきりとわかります。したがって、この模様はキジと茶の三色となり、「**キジ三毛**」とよばれます。一個体のなかに、**アグチ毛**と**茶毛**が混在しています。

模様パターン 10

黒三毛

色の境目がはっきりしている

●体に白毛、茶毛、黒毛

私たちがふだん何気なく「**ミケネコ**」とよんでいるネコには、「白＋茶＋黒」の「**黒三毛**」と、「白＋茶＋キジ」の「**キジ三毛**」がいます。

左のネコは、**黒**、**茶**、**白**の部分がはっきりとわかります。黒い部分はアグチ毛ではなく**黒毛**、茶色部分は**茶毛**、白い部分は**白毛**です。一個体のなかで、黒毛、茶毛、白毛の三種類の毛が存在していますが、異なる色の領域は混じり合うことなく、はっきり区分されているのが特徴です。

模様パターン 11

キジ三毛

● **体に白毛、茶毛、アグチ毛**

左のネコは、前の黒三毛と似ていますが、よく見ると、黒い部分が**キジ**になっています。ベタっとした黒色でないのは、一本一本の毛がアグチ毛だからです。背中の部分や尾の大部分では黒い**シマ模様**がはっきり見えます。一個体のなかに、**アグチ毛**、**茶毛**、**白毛**の三種類が存在していますが、異なる色の領域はやはり、混じり合うことなく、はっきり区分されます。

シマ模様の種類

キジネコでは、体全体にシマ模様が見られます。濃い黒い部分と灰茶褐色の部分が交互に現れ、濃淡の細いスジが、体の背骨と直角方向に20〜30本見られます。この模様が魚のサバ（鯖）に似ていることから、**サバジマ**（**マッカレルタビー**）ともよばれます。この本では、特に記述がない場合、シマ模様はこのサバジマのことをさします。

日本では伝統的に、シマ模様は細いものが多かったのですが、最近では、欧米から移入された飼い猫などで、太いシマ模様（**大虎斑**、**ブロッチドタビー**、**クラシックタビー**）をもつネコも増えてきました。野外でもまれに見られます。ヨーロッパやアメリカでは普通に見られます。

また、スジ模様ではなく、斑点のような模様（**スポティッドタビー**）をもつネコもいます。

ブロッチドタビー

サバジマ（マッカレルタビー）

スポティッドタビー

右上の写真と同じくキジの模様ですが、シマ模様が横ジマではなく、斑点（スポット）のようになっています。

毛色と模様を決める遺伝子

基本遺伝子の一覧表

ネコの毛色と模様は、そのネコがもっている遺伝子で決まります。毛色と模様を決めている遺伝子のうちから、本書では、おもな8種類を選び、その働きを表にまとめました。同じ行の遺伝子は**対立遺伝子**というもので、上の大文字で表したものが**優性遺伝子**、下の小文字で表したものが**劣性遺伝子**です。その意味については、次のページで説明します。

分類	優性遺伝子（大文字） 遺伝子記号	おもな働き	劣性遺伝子（小文字） 遺伝子記号	おもな働き
1本の毛の色	W	すべての毛を**白毛**にする	w	wwの場合のみ毛が有色になる
1本の毛の色	O	毛を**茶毛**にする	o	ooとoは毛を**黒毛やアグチ毛**にする
1本の毛の色	A	毛を**アグチ毛**にする	a	aaになると毛を**黒毛**にする
体全体の毛色の配置	C	**体全体**に毛の色素をつくる	c^s c^b c など	**体の一部分**に毛の色素をつくる
体全体の毛色の配置	D	毛の色素全体を**濃く**する	d	ddになると毛の色素を**薄く**する
体全体の毛色の配置	S	**ブチ**（白色毛）をつくる	s	ssになると**ブチなし**となる
体全体の毛色の配置	T	**シマ模様**をつくる	t^b など	t^bt^bは**ブロッチドタビー**になる
長さ	L	毛を**短く**する	l	llになると毛が**長く**なる

遺伝子と遺伝のしくみ

右の表の遺伝子が、どんなふうに色や模様を決めるのかを理解するためには、遺伝子の働きが現れるしくみを知っておく必要があります。ここでは最小限必要なことのみ簡単に説明しますので、さらに知りたい方は、第三部の99ページを読んでください。

❶ネコはたくさんの遺伝子をもっています。そのなかに右の表の8種類の遺伝子があります。

❷原則として、それぞれの遺伝子について、対立遺伝子のいずれかを組み合わせ、**二つペア**でもちます（理由は99ページ参照）。

❸それぞれの遺伝子のペアには、

大文字―大文字
大文字―小文字
小文字―小文字

の三通りの組み合わせがありえます。

❹ペアとなった遺伝子の組み合わせにより、どんな働きが現れるかが決まります。

❺通常、優性遺伝子があると、劣性遺伝子の働きが隠れます。そのため、大文字（優性）―大文字（優性）のときだけでなく、大文字（優性）―小文字（劣性）のときも、優性遺伝子の働きだけが外に現れます。

❻劣性の遺伝子の働きが現れるのは、小文字（劣性）―小文字（劣性）の組み合わせの場合のみです。

A遺伝子（毛をアグチ毛にする）

優性遺伝子：A　　劣性遺伝子：a

対立遺伝子を二つペアでもつ（①②③のいずれかになる）

① AA	→ A の働きが現れる（優性）	→ アグチ毛になる
② Aa	→ A の働きが現れる（優性）	→ アグチ毛になる
③ aa	→ a の働きが現れる（劣性）	→ 黒毛になる

※AAやaaのように同タイプの遺伝子のペアを「**ホモ接合体**」、Aaのように違うタイプの遺伝子のペアを「**ヘテロ接合体**」といいます。
※アグチ毛と黒毛は、対立遺伝子によるものなので、同じ個体中に混在しません。

それぞれの遺伝子の働き方

遺伝子の種類と一般的な遺伝の法則がわかったところで、具体的に、遺伝子によってどんなふうにネコの毛色や模様が決まっていくのかを、少し実例をあげて説明してみます。ここで紹介する遺伝子の働き方がわかれば、野外のネコがもつかなりの部分の遺伝子を推察していくことができます。

●W遺伝子

Wの遺伝子はすべての毛を**白毛**にする働きがあります。WWのペアや、Wwのペアをもつネコは、毛がすべて白色となります。そのため、もし毛を黒色や茶色にする遺伝子をもっていても、その働きは抑えられ、真っ白なネコになってしまいます。

●S遺伝子

W遺伝子とは異なり、Sの遺伝子は体の一部分だけに**ブチ**（白い毛）を生じさせます。SSのペアの場合は白毛の範囲が広く、Ssのペアの場合は白毛の範囲がそれより狭くなります。劣性ホモ接合体ssのペアになると、ブチをつくりません。

●T遺伝子

T遺伝子は、ネコの**シマ模様**をつくります。キジネコなどに見られるサバジマ（マッカレルタビー）は、優性のT遺伝子の働きによります。つまりT遺伝子がTT、Tt^bなどのときに現れます。大虎斑（ブロッチドタビー）は、劣性のt^b遺伝子がホモ接合体（t^bt^b）になったときに現れます。

●A遺伝子

A遺伝子は、AA、Aaのときに毛を**アグチ毛**にします。劣性のホモ接合体aaになると、毛を**黒毛**にします。ただし、W遺伝子やO遺伝子のほうが働きが強いので、同一個体に混在した場合はそちらの働きがまず優先されます。

●O遺伝子

オスとメスとで、もっている数が異なる遺伝子があります。それは、毛の色を**茶色**にする働きをもつO遺伝子です。O遺伝子が働くしくみは少し難しいので、次のページで説明します。

二毛と三毛はメスだけ（O遺伝子の働き）

遺伝子は、細胞の中にある**染色体**の決まった場所に存在します（詳しくは99ページ参照）。染色体は2本が対になっています。ネコの染色体は19対（38本）です。そのうち18対（36本）は形や大きさが同じものが対となり、雌雄共通です。しかし、残りの1対（2本）は、**メスがX染色体2本**、**オスがX染色体1本とY染色体1本**となります。

O-o遺伝子はX染色体に存在しますので、2本もっているメスはOOまたはOoまたはooという組み合わせをもてますが、1本しかもたないオスはOのみ、またはoのみという、遺伝子1個のもち方しかできません。

♀メスの場合

OOをもつと茶色となります。毛を黒やアグチにするAやaaがあってもO遺伝子のほうが強いので、茶毛になります。SSかSsをもつとブチができるので**茶ブチ**、ssだとブチなしで**茶**になります。

Ooをもつネコは、受精卵から子ネコになる過程で、体表のある部分にはOが働いて茶毛が生じ、別の部分にはoが働きます。oには毛の色を決める働きがないので、aaをもつネコは黒毛が、AAやAaをもつネコはアグチ毛が生じます。全体では、茶毛と黒毛（またはアグチ毛）が並存することになります。もし、SSかSsをもつとブチができるので**黒三毛**（または**キジ三毛**）になり、ssをもつとブチができないので**黒二毛**（または**キジ二毛**）になります。

ooをもつネコは茶毛がつくられないので、Aかaa遺伝子によって毛の色が決まり、**キジ**（**ブチ**）か**黒**（**ブチ**）となります。

♂オスの場合

ペアでなく、Oかoのどちらか一つしかもてないので、**O**をもつ**茶**（**ブチ**）、**o**をもつ**キジ**（**ブチ**）または**黒**（**ブチ**）、のどれかとなります。二毛や三毛はいません。

そのようなわけで、茶毛と黒毛、あるいは、茶毛とアグチ毛が混在する二毛（ブチなし）と三毛（ブチあり）は、**メス**しかいないのです。

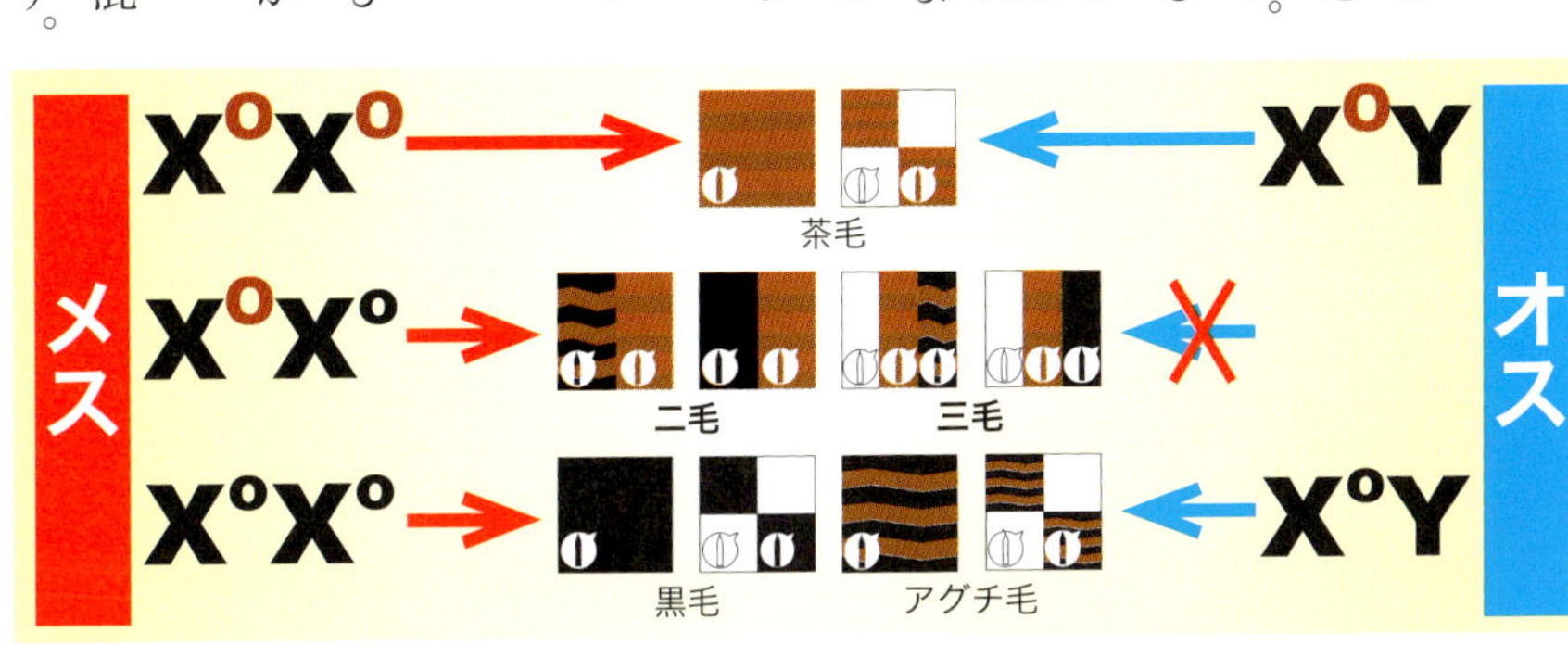

遺伝子組み合わせ判定フローチャート

ネコの見た目から、おもな遺伝子（W-w、O-o、A-a、S-s）がわかるフローチャートです。チャートを使うときは最初の観察が大事です。後で推察することを考えて、写真を撮っておきましょう。

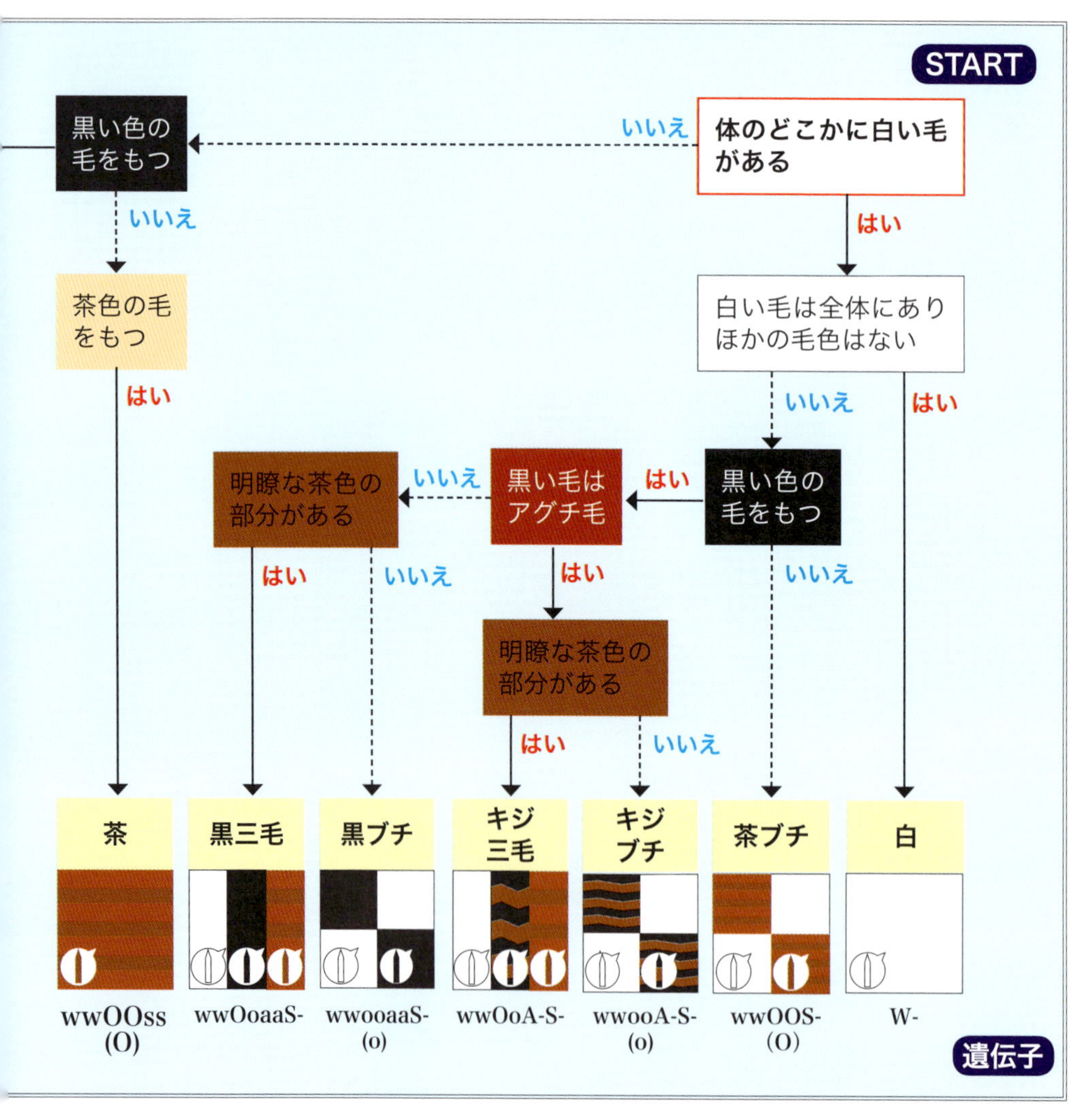

◆「S-」のように「-」で示したところは、優性か劣性のどちらが入るか決まらない。
◆Oやoの遺伝子はオスとメスで組み合わせが異なる。メスの場合を示し、オスの場合はその下に（　）で付した。

チャートの使い方を少し説明します。ネコの毛色と模様を見て、右上隅からスタートします。たとえば、全身が白いネコを見た場合、右上から「はい」で下に降ります。このネコに黒や茶の毛がまったくなければ、「はい」でまた下に降りると、「白」に行き着きます。この遺伝子はW-となっています。「-」はそこにWもwもどちらも入る可能性があることを示しています。また、このネコはWWかWwの遺伝子をもつことはわかりますが、それ以外の遺伝子は個体を見ただけでは判明しないので、記載していません。

また、別のネコは、黒と白が混ざっていたとします。同じくチャートの右上からスタートして、体のどこかに白い毛があるので「はい」で下に降ります。次は、黒い毛がはっきり見られるので「いいえ」を選択して下に降り、黒い毛なので「はい」で左に行きます。黒い毛をよく見ると、一本全部が黒色なのでアグチ毛ではないので、「いいえ」で左に行きます。最後に、茶色の部分はないので「いいえ」で下に降りると、「黒ブチ」に行き着きます。黒ブチの遺伝子を見ると、( )が付いているので、メスなら遺伝子はwwooaaS-、オスならwwoaaS-であることがわかります。Sの後ろに「-」があるので、Wのときと同様に考えて、SSとSsの二通りがあります。

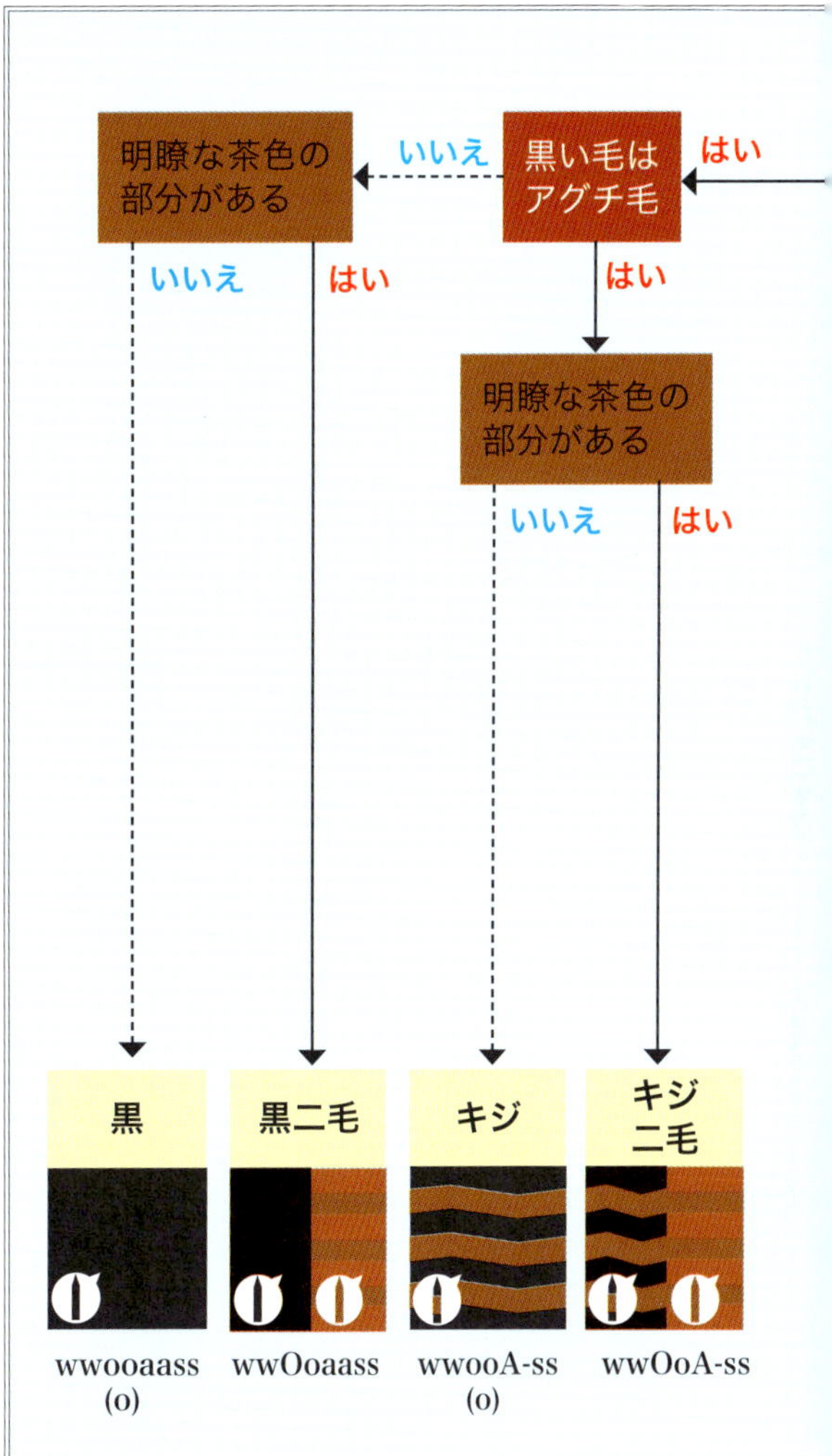

はい
黒い毛はアグチ毛
いいえ
明瞭な茶色の部分がある
はい
明瞭な茶色の部分がある
いいえ
はい
いいえ
はい

黒
wwooaass
(o)

黒二毛
wwOoaass

キジ
wwooA-ss
(o)

キジ二毛
wwOoA-ss

模様別個体数の割合

下の表は、筆者が勤務していた高校の三年生が書いたレポートから、東京都のネコについて調べた16名分のデータを集計したものです。

白ネコ（表内ピンク色）は全体の5.6％、ブチのあるネコ（表内水色）は有色ネコの63％です。キジブチ、黒ブチ、キジが多く、それら三つでほぼ半分を占めます。

左下のグラフは、野澤謙氏らによる日本全国の日本猫の形質の調査結果（在来家畜研究会報告18、225～268、2000年）より、東京都のデータを抜粋して作成したものです。

この研究によると、白毛は全体の5.0％です。残りの有色ネコのうち、ブチのあるネコは64.5％、ブチなしネコは35.5％であることが示されています。

<table>
<tr><th colspan="3">模　様</th><th>個体数</th><th colspan="3"></th></tr>
<tr><td colspan="3">白</td><td>7</td><td colspan="3">5.6%</td></tr>
<tr><td rowspan="13">有色</td><td colspan="2">キジ（薄キジ）</td><td>16</td><td colspan="2">12.8%</td><td rowspan="13">94.4%</td></tr>
<tr><td colspan="2">黒</td><td>9</td><td colspan="2">7.2%</td></tr>
<tr><td colspan="2">茶</td><td>8</td><td colspan="2">6.4%</td></tr>
<tr><td rowspan="3">ブチ</td><td>キジブチ（薄キジブチ）</td><td>24</td><td>19.2%</td><td rowspan="3">45.6%</td></tr>
<tr><td>黒ブチ（灰色ブチ）</td><td>22</td><td>17.6%</td></tr>
<tr><td>茶ブチ</td><td>11</td><td>8.8%</td></tr>
<tr><td rowspan="2">二毛</td><td>キジ二毛</td><td>4</td><td>3.2%</td><td rowspan="2">6.4%</td></tr>
<tr><td>黒二毛</td><td>4</td><td>3.2%</td></tr>
<tr><td rowspan="2">三毛</td><td>キジ三毛</td><td>9</td><td>7.2%</td><td rowspan="2">13.6%</td></tr>
<tr><td>黒三毛（薄黒三毛）</td><td>8</td><td>6.4%</td></tr>
<tr><td rowspan="3">その他</td><td>シールポイント</td><td>1</td><td>0.8%</td><td rowspan="3">2.4%</td></tr>
<tr><td>銀色タビー</td><td>1</td><td>0.8%</td></tr>
<tr><td>ブロッチドタビー</td><td>1</td><td>0.8%</td></tr>
<tr><td colspan="3">合計</td><td>125</td><td colspan="3"></td></tr>
</table>

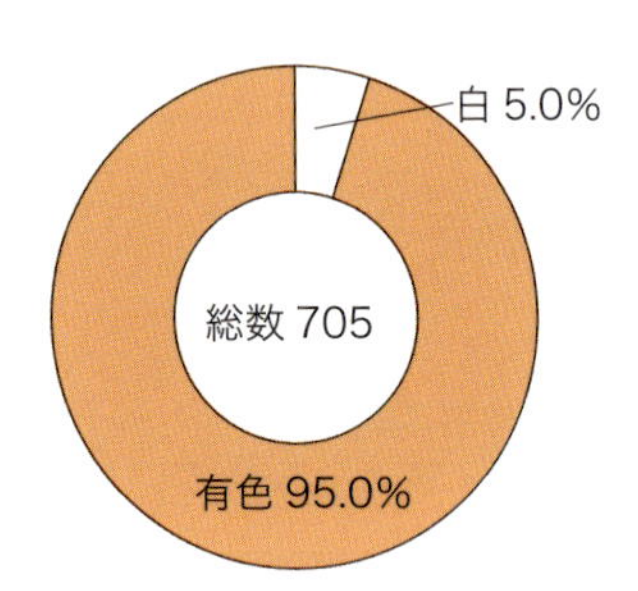

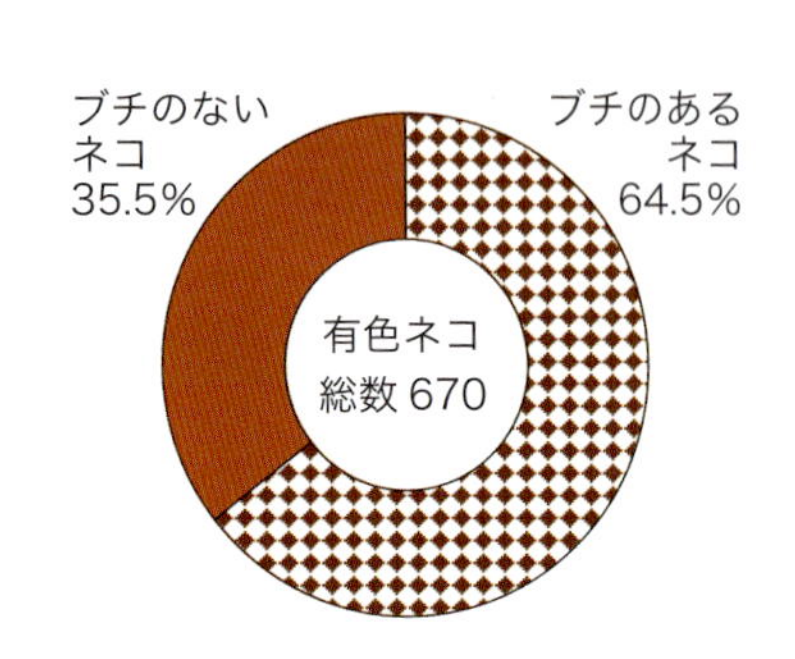

第二部　写真集編

いろいろな模様のネコたち

これから、ネコの模様と遺伝子との関係を見ていきます。第一部で紹介した11の模様ごとに、三～五枚の写真を載せ、そのネコがもつおもな遺伝子を示します。

＊優性・劣性どちらの遺伝子も入る場合は「-」で表します。たとえばA-ならば、AAとAaのどちらもあり得ることを示します。

＊遺伝子を決められない場合は、その遺伝子を記載していません。たとえば、W-の場合、O、A、Sなどの遺伝子の働きが抑制されて現れません。そのため、その個体を観察しただけでは、それらの遺伝子を推定できません。

キジ

ピンと耳を立て、何かをジッと見つめるネコの表情は、どことなく野生を感じさせます。

濃い黒い部分と灰茶褐色の部分とが交互に現れ、全体として濃淡の細いスジ模様を形成しています。この模様が魚のサバ（鯖）の体表の模様と似ていることから、サバジマ（マッカレルタビー）ともよばれ、T遺伝子の働きによります。

一本一本の毛は、A遺伝子によりアグチ毛となっています。茶色遺伝子は隠れているので、oまたはooです。色素は体の全体にあるのでC-を、毛の根元まで濃い色なのでD-をもちます。ブチはなくssで、毛は短毛なのでL-です。模様から性別はわかりません。

この模様は、日本の野生ネコであるツシマヤマネコやイリオモテヤマネコなどの毛色にも似ており、イエネコの祖先の状態を最も残していると考えられています。

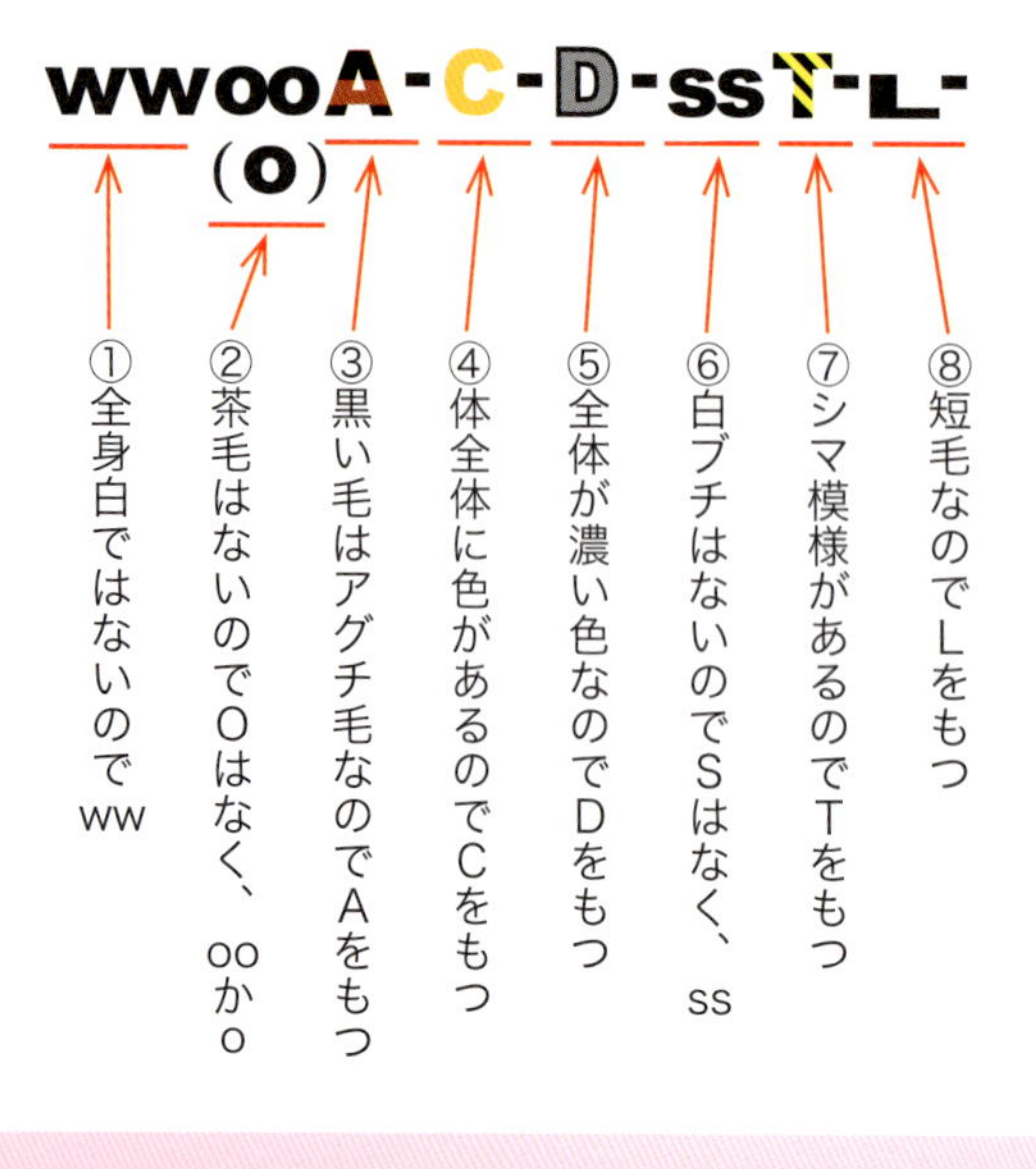

※メスとオスの遺伝子が異なる場合、オスを（　）で示します。

顔つきが若く、子ネコの表情をしています。体全体を見なくても、顔だけで毛色や模様がわかります。黒色の部分と茶灰色の部分とが交互になっているサバジマで、キジネコの特徴がよく出ています。キジネコの額には、M 字型の模様が見られることがあります。このネコはどうでしょう？

【メス：wwooA-C-D-ssT-L- ／オス：wwoA-C-D-ssT-L-】

指先だけを使って音を立てずにそっと歩くキジネコ。獲物を狙って近づいているのでしょうか。枯れ草の多い地面近くにいると、上下方向に伸びた縦ジマ模様も1本1本のアグチ毛も、周囲に溶けこんで見え、見事なカムフラージュ効果を示します。キジネコの模様は野生型の模様と毛色に一番近いといわれているのがうなずけます。シマ模様は、体の背骨の軸に対して直角の向き（上下方向）に見られます。体の首から尾の先までの間に20～30本程度の濃淡のスジが入ることが多いです。

【メス：wwooA-C-D-ssT-L- ／オス：wwoA-C-D-ssT-L-】

このキジネコでは、頭から首にかけて伸びる黒いスジが５本認められます。また、胸から腰にかけて上下方向に 13 ～ 15 本の黒いスジ状の模様が見られます。尾には輪状の黒い模様が７本程度見られます。尾にこのような輪が見られるのもキジネコの特徴で、１本１本の毛を見るとアグチ毛になっています。野生型はこのような長い尾をもっています。

【メス：wwooA-C-D-ssT-L- ／オス：wwoA-C-D-ssT-L-】

ネコが座ったときに見られるポーズです。全体として、T- によるサバジマが明瞭なのでキジネコのようですが、黒色と黒色のスジの間に、キジにあるはずの茶灰色の毛が見えません。これは、抑制遺伝子 I の働きによります。 I は、アグチ毛の黒色部分はそのままで黄色部分の色素を希釈するため、全体として銀色のように見えるのです。「銀色タビー」「サバトラ」とよばれることもあります。白い部分（ブチ）はないので ss です。

【メス：wwooA-C-D-I-ssT-L- ／オス：wwoA-C-D-I-ssT-L-】

wwooA-C-D-I-ssT-L-
(O)

アグチ毛の黄色の色素を抑える I 遺伝子をもつ

顔だけを見ると、普通のキジネコの特徴がよく出ており、T- をもちます。長毛種で ll のホモ接合体をもつネコです。首の周囲や体全体を見ると、短毛種のネコと比べてかなり毛の長いのがわかります。キジネコなので、先端が黒いアグチ毛と茶灰色の毛とがスジ状に交互に生えています。ブチはないので ss をもちます。

【メス：wwooA-C-D-ssT-ll ／オス：wwoA-C-D-ssT-ll】

体中が白色の毛だけで覆われています。黒い毛も茶色の毛もまったく見られません。全身の毛を白色にする遺伝子Wは優性なので、一つでも含まれていれば白ネコをつくり出します。その他の遺伝子ももちろんもっているのですが、それらの働きはすべて抑えられてしまうので、どんな遺伝子をもつのかわかりません。

白ネコは、体中のメラニン色素が形成されません。そのため、一本の毛の中にも色素がなく、私たちには白い毛に見えるのです。鼻先とか耳の中は、皮膚の近くを走る血管を流れる血液の色が透けるので、ピンク色に見えます。

WW L- または Ww L-

①全身白なのでW遺伝子をもつ。WWとWwのどちらの場合もある。W遺伝子はほかの遺伝子の働きを抑えるので、このネコがほかに毛色に関するどんな遺伝子をもつかは不明。

②短毛なのでLをもつ

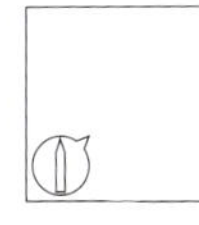

左目が黄色っぽく、右目が青っぽくなっています。全身白一色のネコでは目の色が左右で異なる個体をよく見ます。これは「オッド・アイ」とよばれます（「金目銀目」ということもあります）。このようなネコは、どちらかの耳の聴覚がない場合が多いことが知られています。全身の毛を白くする遺伝子 W は、内耳の聴細胞の発育を不全にするためであると考えられています。

【WWL- または WwL-】

眠っているので目の色は不明ですが、左前足先の肉球に注目してください。ピンク色をしており、黒っぽくありません。白ネコは全身に黒や茶のメラニン色素を形成する遺伝子の働きが抑制されるため、肉球にもそれらの色は出現していないのです。

【WWL- または WwL-】

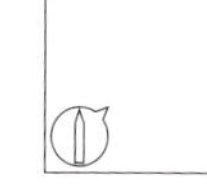

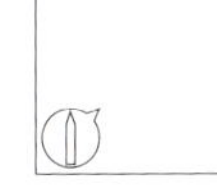

尾を見ると丸くこんもりとしているように見えます。ほ乳類の尾は鳥類の尾とは異なり、中にいくつかの骨が入っています。この骨が何本か癒合すると、尾の長さが短くなったり、曲がったりします。尾の長さに関わる遺伝子は単一のものではなく、複雑なようです。欧米では短尾のネコは少なく、短尾の形質は日本ネコの特徴のひとつであると考えられています。この特徴を固定した品種が、「ジャパニーズ・ボブテイル」です。

【WWL- または WwL-】

同じ場所に２匹の白ネコがいます。白ネコが生まれるには、両親のどちらかまたは双方が白ネコでなければなりません。たとえば、白(Ww)と有色(ww)の両親から、白(Ww)が生まれる確率は50%です。野生環境では、氷や雪の中で行動する場合を除き、白い個体はとてもめだちます。そのため、子ども時代に猛禽類や他の食肉類などに狙われやすく、不利な特徴です。白ネコの遺伝子Wは遺伝的には優性ですが、生存力の強さとは一致しません。37ページで紹介した聴覚能力の不利などもあり、一個体のなかで上位の遺伝子が、個体群のなかで優位に立つとは限らないのです。

【WWL- または WwL-】

全身が白い長毛種のネコで、どことなく気品を感じさせます。長毛なのでllのホモ接合体をもちます。耳が内向きに反り返っていますが、これは「アメリカンカール」という品種のネコの特徴です。37ページに出てきたネコと同じく、オッドアイです。白ネコはどれも毛が汚れやすいので、飼い主は毛の手入れがたいへんです。

【WWll または Wwll】

全身黒色だけで白色や茶色の部分はまったくありません。黒色が光って、つやつやした毛並みです。黒ネコは色や模様の違いがわからないので、個体を識別するためには、その他の特徴を把握することが必要です。尾の長さや曲がり具合、眼の色、体格、体型、耳の傷跡などが決め手となることもあります。

一本の毛を黒色にする遺伝子aが働いていますが、この遺伝子は劣性のため、黒ネコはホモ接合体aaの形でもっています。茶色の毛をつくる遺伝子Oはなく、オスはo、メスはooをもちます。体の全体に色素があるのでC-を、濃い黒色なのでD-をもちます。ブチがないのでSはなく、ssです。そして、短毛なのでL-をもちます。

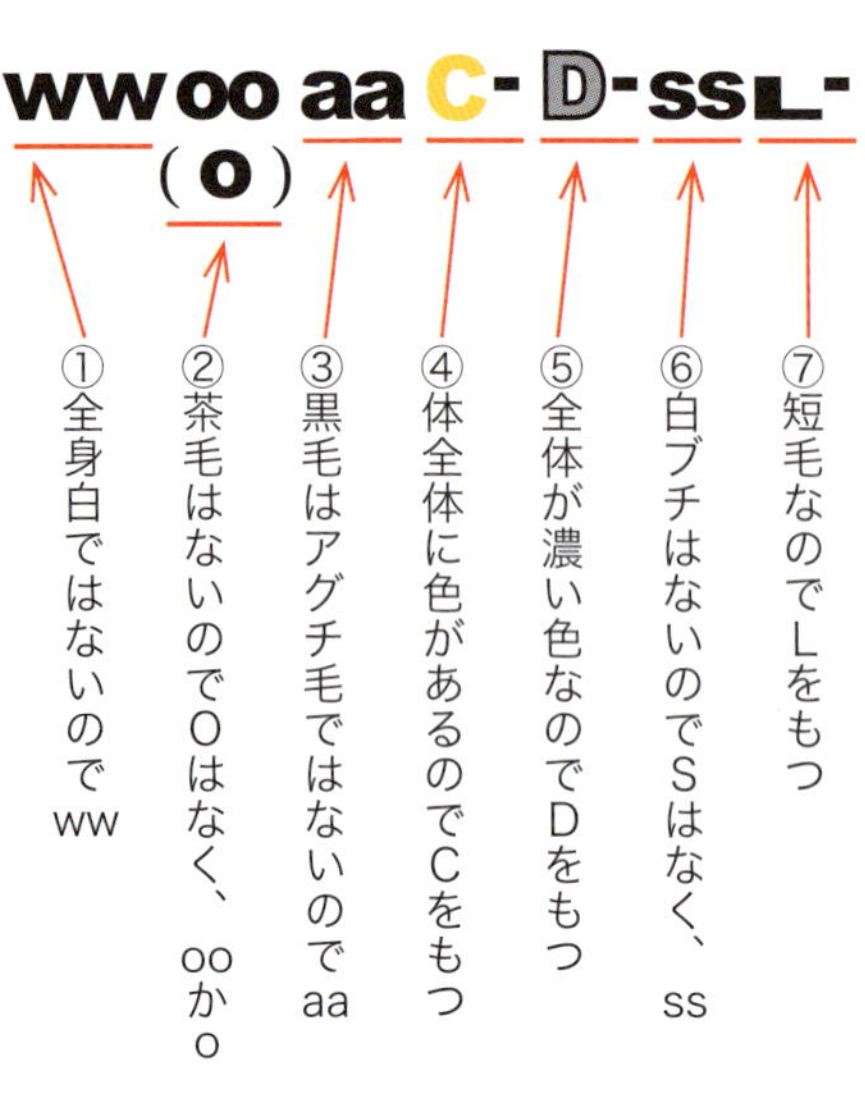

陽に輝くきれいな毛は、全身すべて黒色です。白色や茶色の毛は見られず、ブチもありません。毛は根元から先端まで黒一色で短毛です。尾も真っ黒で、長くまっすぐ伸びています。

【メス：wwooaaC-D-ssL- ／オス：wwoaaC-D-ssL-】

つややかな毛並みで全身真っ黒の黒ネコです。１本の毛を観察すると、メラニン色素によってすべて黒色になっています。この個体は長尾で、短毛です。後ろ足の肉球が見えていますが、肉色ではなく真っ黒です。この部分の皮膚にも黒い色素がつくられています。

【メス：wwooaaC-D-ssL- ／オス：wwoaaC-D-ssL-】

尾の長い黒ネコで子ネコのようです。このネコのようにごく若いときには、体の部域によって濃淡模様がかすかに見られることがあります。これは、子ネコのときには色素のでき方がまだ不十分なためと考えられています。成長するにつれて毛の色が濃くなると、シマ模様はわからなくなります。

【メス：wwooaaC-D-ssL-／オス：wwoaaC-D-ssL-】

全身がふんわりした長い毛で覆われています。このような長毛のネコは、日本の野外ではもともと見られず、外国からもち込まれた個体なので、外来種由来のいろいろな遺伝子が含まれている可能性があります。

【メス：wwooaaC-D-ssll ／オス：wwoaaC-D-ssll】

毛の色は黒っぽいけれども、色が少し薄いように見え、独特の雰囲気があります。これは、1 本の毛の中の色素の色を全体的に薄くする遺伝子 d が働いているためです。d は劣性遺伝子のため、ホモ接合体 dd となったときに機能します。灰色のネコですが、欧米では「ブルーネコ」とよばれています。ブチはなさそうなので ss をもち、短毛で L- をもちます。

【メス：wwooaaC-ddssL- ／オス：wwoaaC-ddssL-】

体に茶色の毛だけが見られるのが茶ネコです。茶はX染色体上の優性O遺伝子の働きによって現れます。オスはX染色体を一本もつのでO、メスはX染色体を二本もつのでOOとなります。O遺伝子はAやaの遺伝子より上位の関係にあるので、この遺伝子が働くとAやaの働きは抑えられ、毛に黒色の色素は形成されません。茶色が全身に出ているのでC-、薄い茶色ではないのでD-、ブチはないのでssをもちます。毛の長さは短いのでL-をもつことがわかります。シマ模様が全身に現れていて、おそらくサバジマの遺伝子T-をもっています。

ww OO C- D- ss T- L-
（O）

①全身白ではないのでww
②全身茶毛なのでOかOO（OはAより上位なのでAかaかは不明）
④体全体に色があるのでCをもつ
⑤全体が濃い色なのでDをもつ
⑥白ブチはないのでSはなく、ss
⑥シマ模様があるのでおそらくTをもつ
⑦短毛なのでLをもつ

茶色のネコでは、キジネコに見られる体のスジ模様と同じような茶色の濃淡模様がしばしば見られます。胸から腰には背骨と直角の方向に、手足では手や足の骨と直角の方向にスジが走っているのがわかります。なお、キジネコでも見られるように、茶ネコでも口の下側に茶色の毛がない場合があり、白色となっていますが、これは白ブチの模様ではありません。

【メス：wwOOC-D-ssT-L- ／オス：wwOC-D-ssT-L-】

何かに向かって、鳴き声をたて威嚇しています。耳はピンと立ち、眼の瞳孔はグッと細くなり、攻撃や逃避行動に備えているようです。開いた口の中では、上あごと下あごの犬歯がよくめだちます（97 ページ参照）。ネズミなどを捕らえて食べていた飼いネコの先祖は、この犬歯でトドメをさしていたのでしょうか。口の周囲の長く伸びた毛は触毛です。他の色のネコと同様に、色素はなく白色です。触毛の両端の幅は、体の幅と同じ長さであり、ネコはこれにより自分の通り道の障害物を感知するといわれています。

【メス：wwOOC-D-ssT-L- ／オス：wwOC-D-ssT-L-】

全身茶色のネコで、写真を撮ろうとする私の近くに寄ってきたと思うと、突然にごろっと横になりました。朝日のせいで薄茶色に見えますが、実際は濃い茶色をしていましたので dd ではなく D- です。手と足には濃い茶色のシマ模様が見えています。体の胸や腹のスジはあまりはっきりしていません。

【メス：wwOOC-D-ssT-L- ／オス：wwOC-D-ssT-L-】

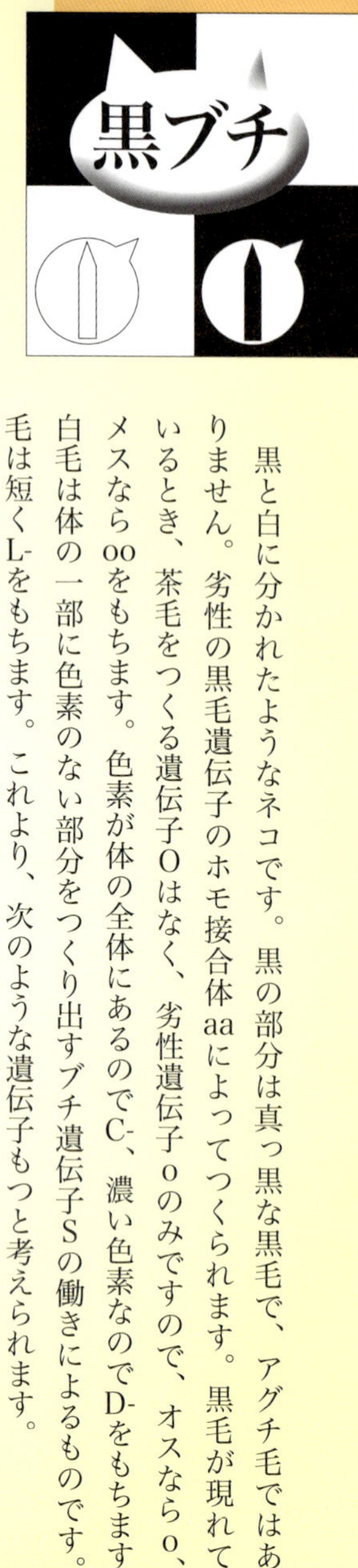

黒ブチ

黒と白に分かれたようなネコです。黒の部分は真っ黒な黒毛で、アグチ毛ではありません。劣性の黒毛遺伝子のホモ接合体aaによってつくられます。黒毛が現れているとき、茶毛をつくる遺伝子Oはなく、劣性遺伝子oのみですので、オスならo、メスならooをもちます。色素が体の全体にあるのでC-、濃い色素なのでD-をもちます。白毛は体の一部に色素のない部分をつくり出すブチ遺伝子Sの働きによるものです。毛は短くL-をもちます。これより、次のような遺伝子もつと考えられます。

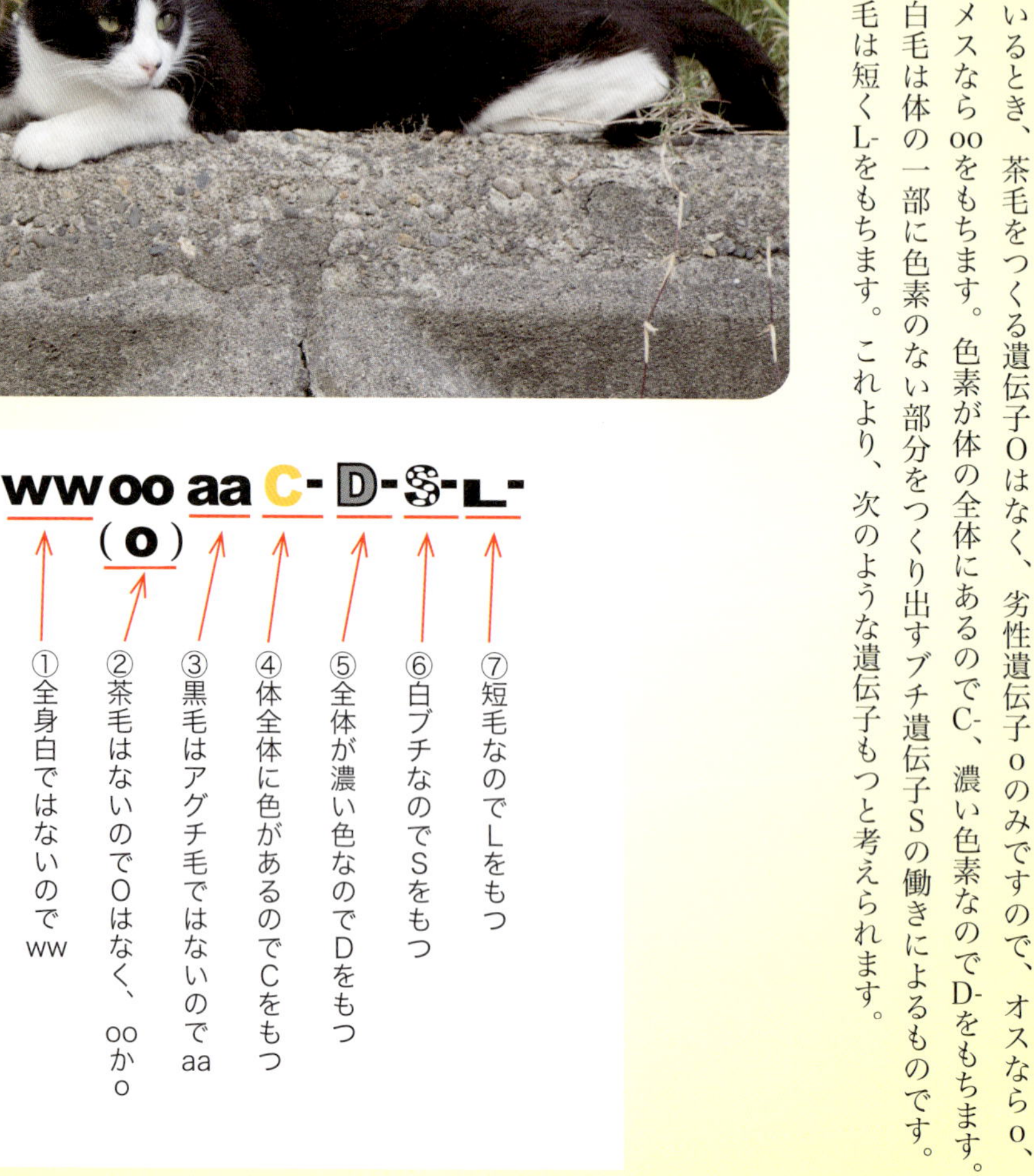

頭の８割ほどと背中、腰、尾と、黒毛の割合がかなり大きな黒ブチネコです。ブチ遺伝子は Ss をもっていると考えられます（24 ページ参照）。ブチの部分は、手足や腹側から始まります。つまり、この写真と白黒が反転して、背中や腰が白く、腹側が黒い配色のネコはいないのです。

【メス：wwooaaC-D-Ss-L- ／オス：wwoaaC-D-Ss-L-】

白ブチの範囲が狭いのでＳ遺伝子は Ss

バラの幹でしょうか、子ネコがじゃれて遊んでいます。黒毛と白毛が明瞭に見えており、黒ブチのネコです。眼の上と口の周りの触毛がはっきり見えています。白毛の占める割合は半分くらいでしょうか。左頬に黒毛がありアクセントになっています。この写真でも、体の下側に白い色が分布しているのがわかります。歩くときとは違い、手の指先からは鋭い爪がとび出しています。

【メス：wwooaaC-D-S-L- ／オス：wwoaaC-D-S-L-】

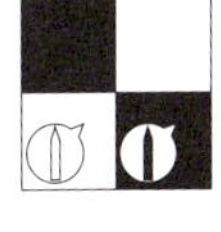

頭の大部分と背中にかけてが黒毛、胸や前足、後ろ足の先あたりが白毛で、黒ブチネコです。後ろ足の肉球が見えていますが、ピンク色の部分と黒い部分があります。皮膚のこの部分も、黒い色素を形成しているところと、そうでないところが混ざっているのがわかります。

【メス：wwooaaC-D-S-L-／オス：wwoaaC-D-S-L-】

右耳のあたりと額の左上、左目のあたりだけにわずかに黒毛が見えますが、あとはすべて白い毛で覆われている黒ブチネコです。このように、わずかでも黒い毛が見られる場合、このネコが黒い色素を形成できることを示しています。このわずかな黒毛を見落とすと、全身白いネコと混同してしまうかもしれません。白毛の部分が体の大部分を占めるので、ブチ遺伝子はSSをもつと考えられます。

【メス：wwooaaC-D-SSL-／オス：wwoaaC-D-SSL-】

白ブチの範囲が広いのでS遺伝子はSS

日陰や少し暗い場所でこのネコを見て、黒ブチだと思うと誤りです。顔の左半分と腰の一部、両足の裏やかかとなどが黒い毛のように見えますが、よく見ると黒毛ではなくてアグチ毛です。尾をよく見てください。9個ぐらいの輪の模様が見え、そのあたりの毛がアグチ毛であるのがわかります。したがってこのネコはキジブチです。体の半分以上が白いので、SSをもつでしょう。

【メス：wwooA-C-D-SST-L-／オス：wwoA-C-D-SST-L-】

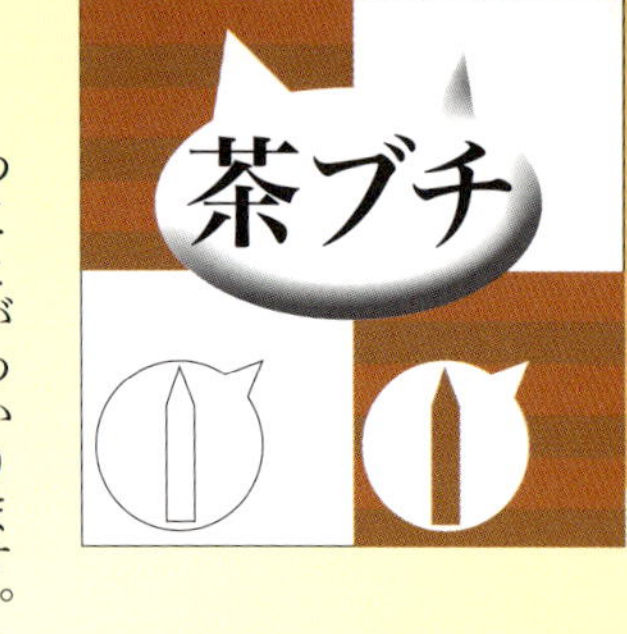

茶と白の二つの毛色が見られるのが茶ブチです。茶毛はX染色体上の優性遺伝子Oの働きにより現われるので、オスはO、メスはOOをもちます。Ooだと黒い毛（黒毛またはアグチ毛）が混ざるので茶ブチになりません。O遺伝子が働いているとき、Aやaの働きは抑えられており、どちらをもつかは不明です。ブチは優性遺伝子Sの働きにより現れ、体表のおおよそ半分以上が白い場合はSS、それ以下の場合はSsです。茶色は全身に出ているのでC-を、薄い茶色ではないのでD-を、毛は短いのでL-をもつことがわかります。背中や尾の茶色部分のシマ模様はあまりはっきりせず、T-をもつと断言はできません。

ww OO C- D- S- T- L-
（O）

①全身白ではないのでww
②茶毛があるが黒い毛はないのでOOかO（OはAより上位なのでAかaかは不明）
③体全体に色があるのでCをもつ
④全体が濃い色なのでDをもつ
⑤白ブチがあるのでSをもつ
⑥シマ模様があるのでおそらくTをもつ
⑦短毛なのでLをもつ

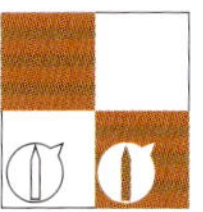

体の全体に明瞭に分かれた茶色と白色の部分が見られますが、黒い毛は見あたりません。茶ブチのネコです。体全体の白色部分は半分より少なそうで、Ss をもつと思われます。左前足と左後足の肉球部は肉色であるのがわかります。肉球の色は皮膚の色です。このネコは４本の足先がすべて白色なので、足先には茶色の色素が形成されず、皮膚にも現れないので、肉球がこのように肉色となります。薄いですが体や尾に濃淡のシマ模様が見られるので、おそらく T- をもちます。

【メス：wwOOC-D-SsT-L- ／オス：wwOC-D-SsT-L-】

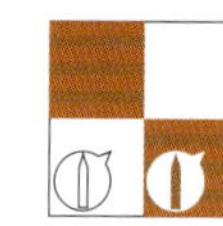

全体に白毛の部分がとても大きいネコで、SSをもっていると思われます。頭の上、背中の一部、尾に茶色の毛が見られ、茶ブチのネコです。尾に輪状の模様があり、シマ模様はおそらくサバジマと思われますが、確定しません。

【メス：wwOOC-D-SSL-／オス：wwOC-D-SSL-】

腹の部分が白毛で、頭や耳、手足は茶毛ですが、茶色がだいぶ薄いのがわかります。これは、黒と茶の色素を薄くする劣性遺伝子 dd をもつネコです（dd があるとき黒毛は灰色の毛となります）。白毛は、S- のブチ遺伝子の働きによります。シマ模様はおそらくサバジマでしょうが、不明なので書きません。短毛ですので L- をもちます。

【メス：wwOOC-ddS-L- ／オス：wwOC-ddS-L-】

キジブチ

頭の大部分と体の上側半分はキジネコと同じ模様です。体の下半分には白毛が見えるので、キジと白毛からなるキジブチのネコです。このネコはシマの模様が背や腹のあたりではよくわかりますが、背中の一部は斑点のように見えます。このような模様も比較的よく見られ、大きな分け方ではキジに含まれます。一本一本の毛はアグチ毛なのでA-、黒色部の色素は濃いのでD-、体全体に分布するのでC-、シマ模様があるのでT-の遺伝子の存在がわかります。

白ブチがあるのでS-をもちます。茶の遺伝子は現れておらず、メスではoo、オスではoの劣性遺伝子をもっています。毛の長さは短毛なのでL-です。

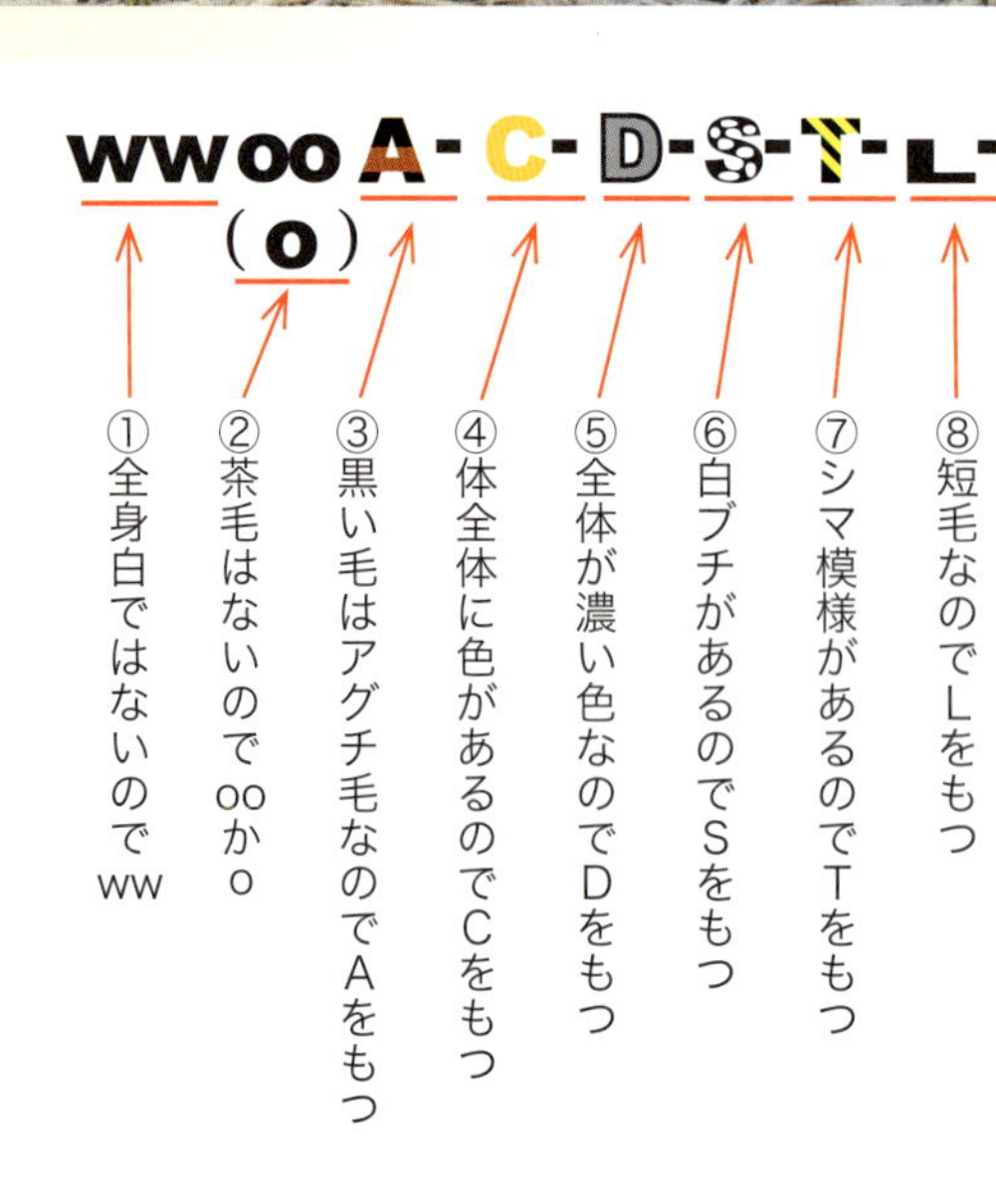

首の下側と胸、手足の先端が白色で、その他の部分はキジ模様です。白毛はブチ遺伝子Sの働きにより生じており、キジブチネコです。白いブチの部分は、このように体の下側や手足の先などに見られることが多く、背中側に達する場合は、64、65ページのように体の大部分が白毛となります。

【メス：wwooA-C-D-SsT-L-／オス：wwoA-C-D-SsT-L-】

キジブチネコの見分け方はいろいろありますが、このように尾がよく見えているとき、黒色の輪状の模様が７～８本あるときはキジ模様とわかります。尾の付け根あたりに茶毛のように見える部分がありますが、全体として黒い部分はアグチ毛になっています。白い領域が大きいので、SSをもつと考えられます。

【メス：wwooA-C-D-SST-L-／オス：wwoA-C-D-SST-L-】

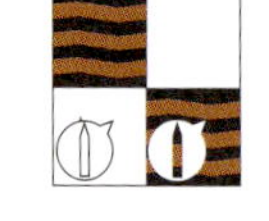

足の先だけ見ると「黒ブチネコ？」と思いますがよくご覧ください。左眼上の黒いスジ模様、背中や尾に見える灰茶褐色部分などがキジ模様で、キジブチです。白い部分が体の8割以上あり、おそらくSSをもちます。足の裏の黒い部分もアグチ毛です。右足先の肉球部分は、先端が黒、元の方が肉色になっており、皮膚のこの部分も、黒い色素を形成しているところとそうでないところが混ざっているのがわかります。

【メス：wwooA-C-D-SST-L-／オス：wwoA-C-D-SST-L-】

キジ模様と白毛からキジブチネコだと判定できます。ところが、よく見ると背中のキジ模様の黒と茶褐色のシマが太くて、大きな渦巻き状になっているのがわかります。これは、スジ状の模様をつくる遺伝子として、サバジマを形成するTでなく、大虎斑（ブロッチドタビー）というシマ模様をつくるt^bが作用していることによります。t^b遺伝子は劣性なので、同じものが２つ組み合わさってt^bt^b（ホモ接合体）になったときだけ、このシマ模様が出現します。

【メス：wwooA-C-D-S-t^bt^bL- ／オス：wwoA-C-D-S-t^bt^bL-】

ひと目見た印象は、灰色と白のブチネコです。濃い灰色のスジ状部分と薄茶色のスジ状部分とが交互に現れ、有色のしま模様をつくり出しています。これは黒と茶の色素を薄くする劣性遺伝子ddの働きによって、キジ模様が薄くなった「薄キジブチ」のネコです。模様はサバジマなので、T-をもちます。胸や腹などに明瞭なブチがあるのでS-、短毛なのでL-です。

【メス：wwooA-C-ddS-T-L-／オス：wwoA-C-ddS-T-L-】

後ろ足の先の方と、左肩のあたりに注目してください。明瞭に茶毛だけの部分が見られます。額や前足の腹側のあたりを見ると、真っ黒い毛が生えているのがわかります。この部分はアグチ毛ではなく黒毛なのでaaをもちます。見たところ白い毛はなく、ブチはなさそうなのでssをもちます。黒二毛のネコです。

黒二毛のネコはメスのみですので（25ページ参照）、X染色体を二本もち、一本にはO遺伝子、他方にはo遺伝子をもっています。白毛はないのでss、毛色は全身に現れているのでC-、濃い色素なのでD-、茶色にサバジマがあるのでT-、短毛なのでL-をもっています。

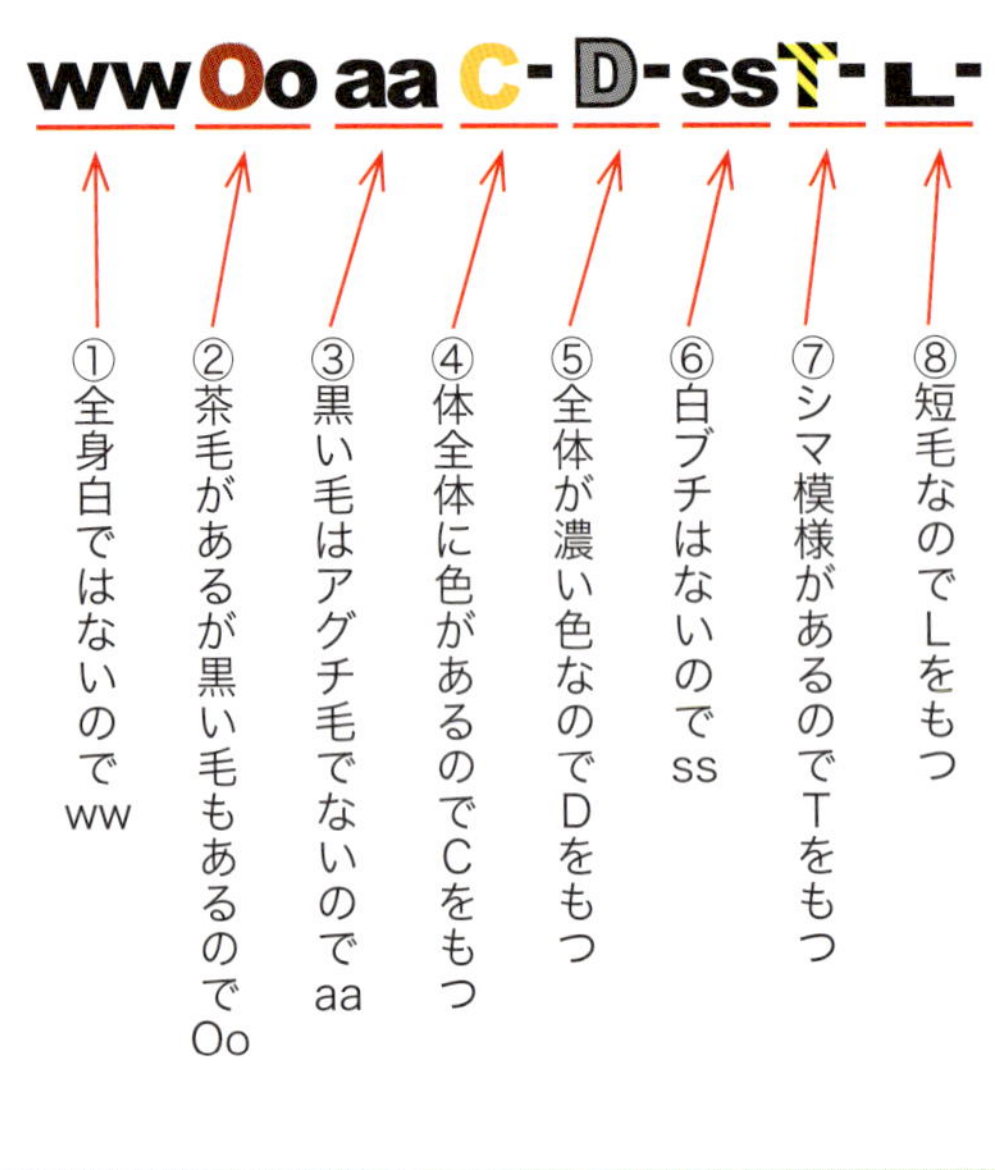

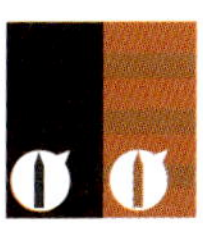

一見するとキジネコに見えるかもしれません。よく見ると、額から鼻筋のところが真っ黒になっています。この部分はアグチ毛でなく明らかに黒毛になっており、ここが見分けどころです。その周囲の部分は、茶色になっているので、単純に茶毛であることがわかります。体の他の部分が不明ですが、白毛がないとすると、黒と茶の毛色からなる黒二毛ということになります。

【メス：wwOoaaC-D-ssT-L-】

鼻筋が黒毛で覆われており、両耳にも黒い毛が見られます。胸のあたりには明瞭な茶毛が見られ、白毛はないので黒二毛とわかります。このネコは若く、下あごの下側部分の毛に色がついていません。これはブチではなく、しばしばこの部分に見られる色素のない部分です。

【メス：wwOoaaC-D-ssT-L-】

黒ネコのように黒っぽいですが、細かい茶色部分が出現しています。鼻筋の黒い部分は、べったりとした黒色でアグチ毛ではなく黒毛です。目の上などには茶毛が生えています。これらの点から、このネコは黒毛と茶毛とからなる黒二毛とわかります。左前足に3つほど見える肉球はすべて黒色です。この周囲の毛もほとんど黒毛で、黒い色素が皮膚にも形成されているのがわかります。

【メス：wwOoaaC-D-ssT-L-】

顔の右半分が真っ黒で、左半分の多くが茶色で、黒毛と茶毛からなる黒二毛のネコです。まるで定規で引いたように黒毛と茶毛が分かれています。発生のある段階で、O遺伝子の働きによって茶毛をつくる細胞と、oおよびa遺伝子の働きによって黒毛をつくる細胞とが、それぞれ分かれて増殖し、顔の両側に分布したと考えられます。

【メス：wwOoaaC-D-ssT-L-】

左の黒三毛が母ネコ、中央の黒三毛と右の黒二毛が子ネコの親子です。母ネコは、OoaaSs をもつと思われます。中央の子ネコは、OoaaS-、右の子ネコは Ooaass をもち、母のブチ遺伝子は中央の子ネコに、黒遺伝子は二匹の子ネコたちに伝えられています。父ネコは不明ですが、これらの遺伝子だけ考えると、O か o、aa か Aa、Ss か ss のそれぞれいずれかを組み合わせた 8 通りの遺伝子型となる可能性があります。

右の黒二毛【メス：wwOoaaC-D-ssT-L-】

手足や額の部分に、黒色と灰褐色が交互になった細いシマ模様があり、アグチ毛をもつようなので、Tをもつキジネコかなと思います。しかし、よく見ると背中や腰に茶色だけの部分が見られます。白毛はなく、全体としてアグチ毛と茶毛の二通りの毛色が明らかなので、キジ三毛です。

茶毛はX染色体上の茶色遺伝子Oにより出現します。アグチ毛も現れていることより、Oとoをもつネコ、すなわちX染色体を二本もつメスのネコです。色素は体全体にあり、濃い色なのでC-、D-をもつことがわかります。ブチはないのでssをもっています。短毛なのでL-です。

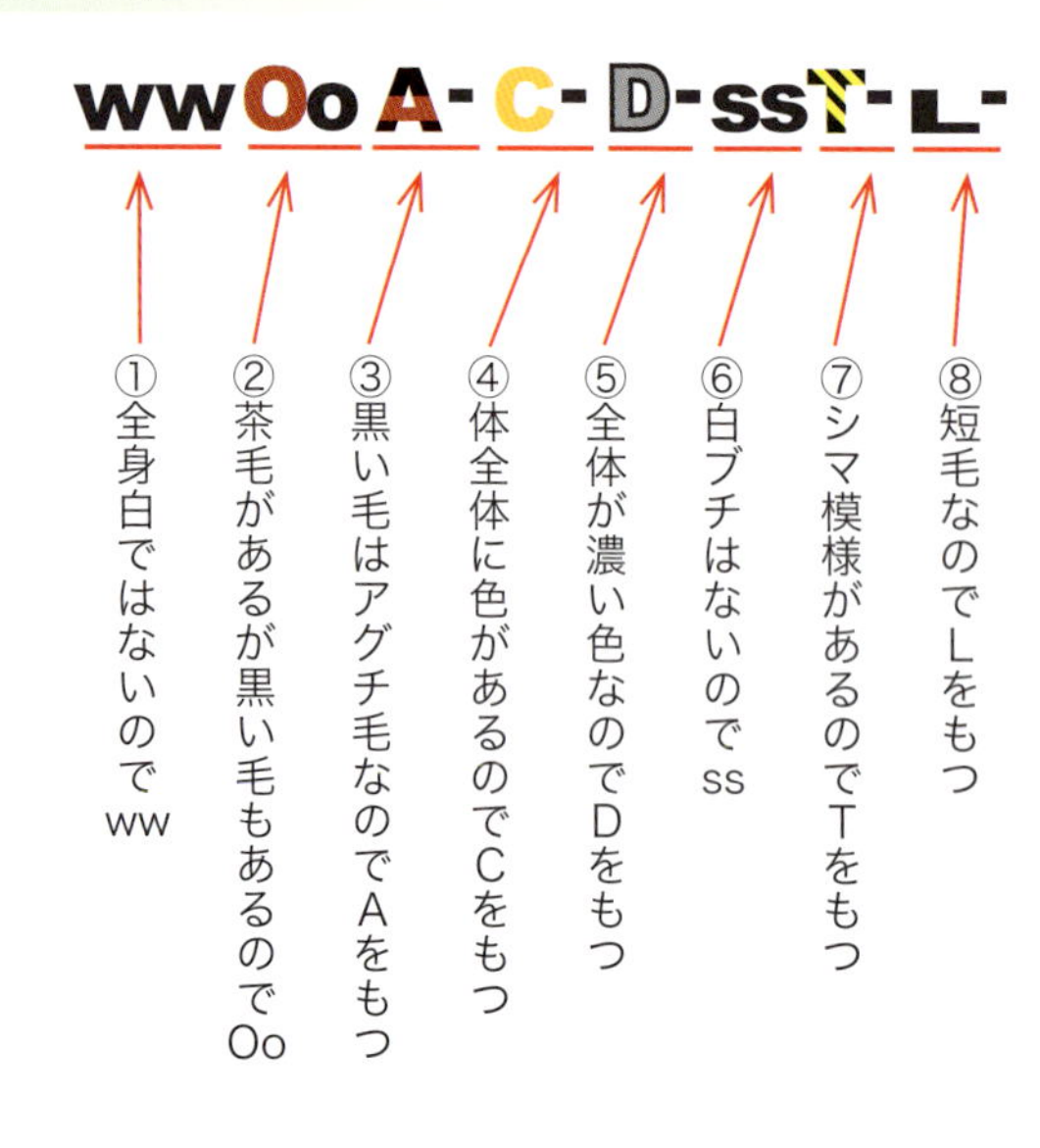

キジ二毛はしばしばキジと混同しやすい模様です。このネコで注目すべきは、目の下や、その下の首周りの明るい茶毛です。これらの部分では、周囲のアグチ毛から明らかに区別される茶毛が独立しています。そのほかの部分はキジです。したがって、このネコはキジ二毛です。

【メス：wwOoA-C-D-ssT-L-】

首と左耳のあたりは茶色の毛で、胴体や手足は黒毛がめだちます。シマ模様のシマは太く、胴体の側面で大きな渦巻き状となっており、サバジマ模様とはだいぶ違います。右前足、右後足のシマ模様もかなり太いのがめだちます。よって、大虎斑（ブロッチドタビー）の劣性遺伝子をホモ接合体 t^b t^b でもっている個体です。白毛はなくブチなしです。毛はふさふさとしており、長毛種で ll と考えられます。

【メス：wwOoA-C-D-sst^bt^bll】

ブロッチドタビーなので、劣性のホモ接合体 t^bt^b である

長毛なので、L ではなく劣性のホモ接合体 ll である

体全体にサバジマ模様があり、額から鼻に薄い茶毛が見えます。しかし、よく見られるキジ三毛とはだいぶ印象が違います。これはもともと日本にはいなかったシルバー系のネコです。シルバーのネコはアメリカンショートヘアがよく知られていますが、それが野良ネコになった子孫かもしれません。三毛なので、O が現れる領域では茶色になります。o が現れる領域では、A が働いてアグチ毛となりますが、優性の I 遺伝子によりアグチ毛の茶色が薄くなり、先端部が黒く、下半分は白っぽい毛となります。さらに、アグチ毛、茶毛とも色が薄く、毛の色素を薄くする遺伝子 dd も働いていると考えられます。

【メス：wwOoA-C-ddI-ssT-L-】

毛の茶色を薄くする I 遺伝子をもつ

白毛、茶毛、黒毛の三色からなり、三毛ネコとわかります。黒毛は黒一色で、アグチ毛ではありません。黒三毛では、メスの二本のX染色体の一本にあるO遺伝子の働きで茶毛が現れ、もう一本のX染色体上にはo遺伝子があるのでaa遺伝子が働いて黒毛が現れます。黒毛と茶毛は、区分されたように生えているのが特徴的です。茶色部分にシマ模様があるように見えるので、おそらくT-をもちます。白毛は体の半分以下なので、Ssでしょう。色素は濃く、白毛以外は全身に現れているのでC-やD-をもちます。毛の長さは短毛なのでL-をもちます。

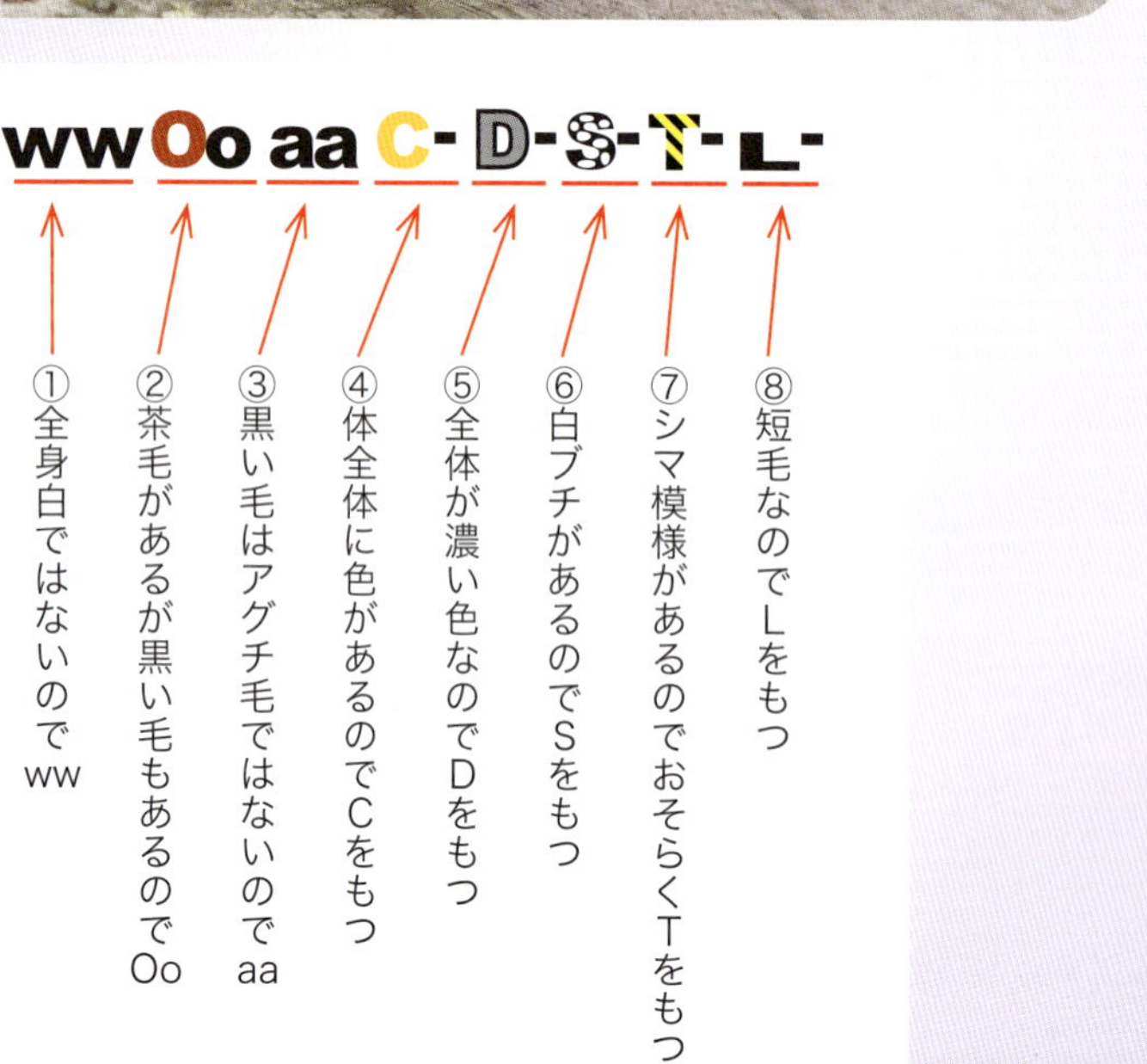

ネコはよく体をなめてきれいにしています。そのようなときはリラックスしているためか、撮影や観察のチャンスになります。全体にベタッとした黒毛がめだちます。茶毛の領域は少ないですが、頭部や背中などに明瞭に認められます。白毛は前後の足先と首のところに見られ、黒三毛ネコです。尾は長く、全部黒色となっています。野外の環境中で三毛のネコはかなりよくめだちます。

【メス：wwOoaaC-D-S-L-】

ネコの右手の先にはトカゲがいて、じゃれているようです。若いネコは特に好奇心旺盛で、動くものによく反応します。食肉類のなかでも、ネコ科の動物は一番のハンターであると言われています。このネコも、黒毛、茶毛、白毛がよくわかり、黒三毛とわかります。黒三毛とキジ三毛がわかりにくいときがありますが、黒毛の領域がベタッとした黒い色に見えるネコは黒三毛です。

【メス：wwOoaaC-D-S-L-】

白毛、茶毛、黒毛と三色揃っていて黒三毛ですが、何か全体にくすんでいます。茶色と黒の色が全体的に薄くなっているのです。これは毛の中の黒や茶の色素を凝集させて、見かけの色を薄くする遺伝子 d の働きによります。d は劣性のため、dd のホモ接合体となっています。野生型のネコは優性の D 遺伝子をもつため、色素はこのようには薄くなりません。

【メス：wwOoaaC-ddS-L-】

毛の色を薄くする劣性 d 遺伝子をホモ接合体 dd でもつ

気持ちよさそうに寝ているネコ。こちらもなんだか眠くなりそうです。白毛が体のかなりの部分を占め、S遺伝子の存在が明らかです。黒と灰褐色の毛は顔の右半分や尾の先などにあり、アグチ毛なのでA遺伝子をもつことがわかります。また、茶色い毛も頭や左耳などに見られることから、このネコはX染色体の一方にOをもち、他方にはoをもつ、キジ三毛ネコということになります。

シマ模様は細くサバジマなのでT-をもち、色素は体全体に分布するのでC-を、濃いのでD-をもち、短毛なのでL-をもっています。

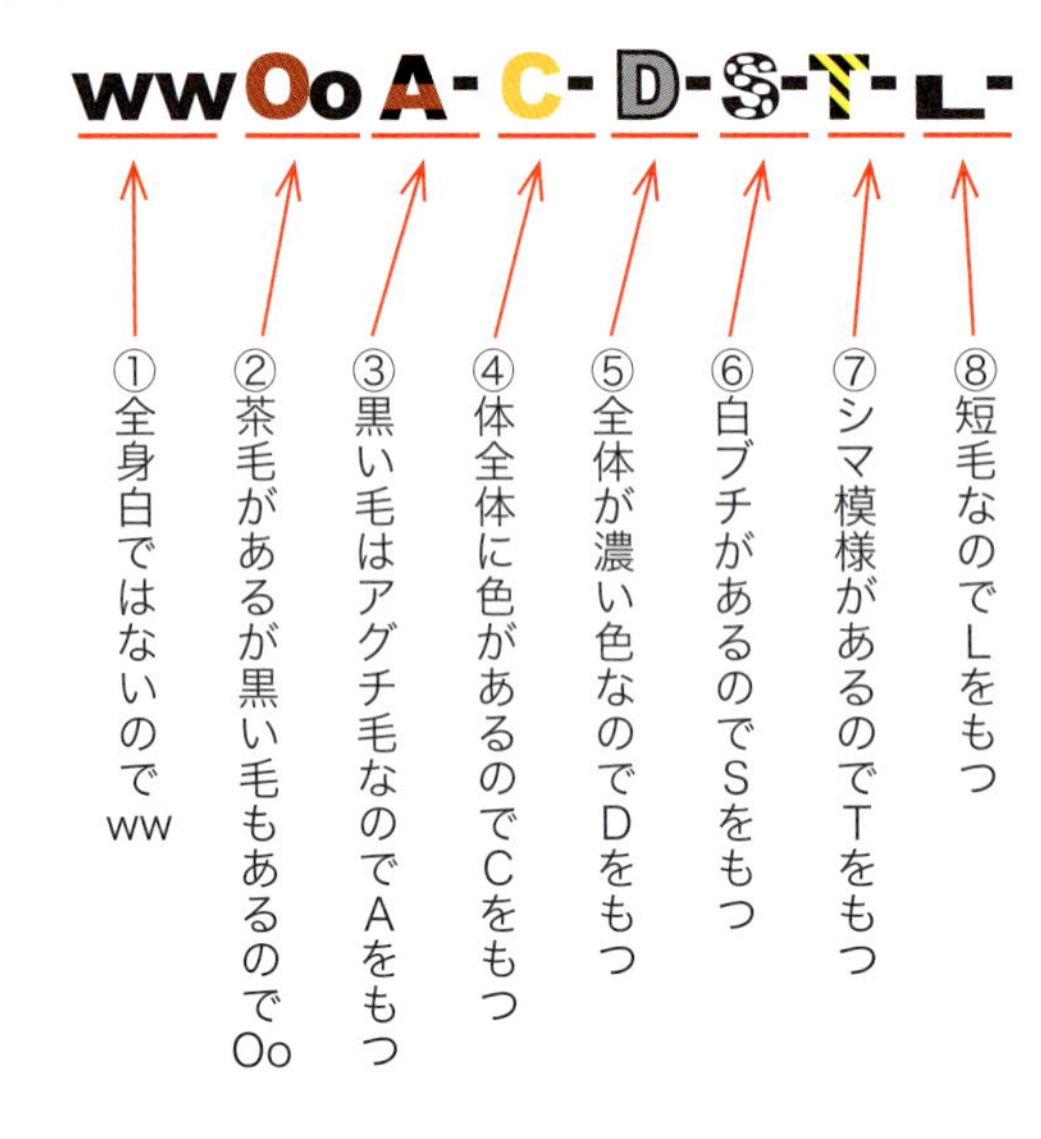

顔の下半分から胸と前足にかけて白毛、顔の右半分から肩にかけて細かい灰褐色と黒の模様が見られます。顔の左半分と体幹部に明瞭な茶毛も見られます。キジ三毛のネコです。何かを注視しているのでしょうか、目と耳が緊張しているようです。このポーズはよく野外で見られます。

【メス：wwOoA-C-D-S-T-L-】

太い尾には 10 以上の黒い輪状の模様があります。輪と輪の間は灰褐色の毛が生え、アグチ毛だとわかります。白毛と茶毛も明瞭なので、キジ三毛です。キジに特徴的な模様はこのように尾に現れることが多いので、目のつけどころです。また、4 本の手足の先は白くなっています。ブチの遺伝子 S は色素形成を阻害する働きがあります。ブチネコの白毛は、体から遠い手足から、腹・胸、そして最後に背中に達するので、背中が白くて腹に色がついているネコはいません。

【メス：wwOoA-C-D-S-T-L-】

すっきりしたバランスの良い顔です。瞳（虹彩）が糸のように細く収縮しており、だいぶ光が強いようです。ネコの虹彩はこのように縦長の形に収縮し、ヒトの虹彩のような円形にはなりません。体の多くの部分が白毛で、SSをもつようです。右目の横から上にかけて茶毛が見えます。額の部分と両目の横には、サバジマ模様に特徴的なスジが見られます。顔だけでもキジ三毛とわかります。

【メス：wwOoA-C-D-S-T-L-】

茶色、黒色、白色と三色揃っている三毛ネコです。黒色部分をよく見ると、濃い黒い部分と灰褐色の部分とがスジ状になっており、その部分の１本１本の毛は黒一色でなくアグチ毛なので、キジ三毛だとわかります。このネコでは左耳先端が欠けていますが、ネコに避妊手術を施した場合に、その印にこのように耳の先を切っておくそうです。

【メス：wwOoA-C-D-S-T-L-】

灰色と薄茶色と白の三色からなる三毛ネコです。よく見ると、灰色部分にはシマ模様が認められ、サバジマのT遺伝子をもつことがわかります。以前にも出てきた、黒色と茶色の色素を薄くする遺伝子ddをもっています。キジミケの色が薄くなったような感じですので、言うなれば「薄キジミケ」でしょうか。この頃は、野外でもしばしば見かけるようになりました。

【メス：wwOoA-C-ddS-T-L-】

スコティッシュフォールド

丸い頭部と小さく折りたたまれた耳が特徴的で、鼻の上のところも少しくびれたようになっています。黒色でなく灰黒色の毛、薄い茶色毛、そして白毛の三色からなります。黒三毛の変形で、全体として薄い黒三毛となっています。これは黒と茶の色素を薄くする働きをもつ遺伝子ddによります。

【メス：wwOoaaC-ddS-L-】

アメリカンショートヘア

キジネコにしては、黒いスジ模様が太く、黒と黒の間も灰褐色ではなく、灰色か銀色の毛に見えます。サバジマ模様の遺伝子 T の突然変異型 t^{b} のホモ接合体 $t^{b}t^{b}$ をもつことにより出現するこのシマ模様は、「ブロッチドタビー」とよばれます。色素は濃く、全身に分布しているので C-、D- をもちます。アグチ毛の先端だけに黒色の色素を現し、茶褐色部分を抑制する優性遺伝子 I ももちます。

【メス：wwooA-C-D-I-ss$t^{b}t^{b}$L- ／オス：wwoA-C-D-I-ss$t^{b}t^{b}$L-】

シールポイント

耳や鼻の先端や尾の先だけに黒い毛が見られます。体のほかの部分には白っぽい毛（クリーム色）がめだち、「黒ブチ？」と考えてしまいます。しかし、ブチとは異なり、体の先端部だけに黒い色素が現れており、白毛との境界部もはっきりしていません。これは「シールポイント」とよばれるネコです。体温が比較的高い体の中央部では色素が形成されず、体温が低い体の末端部だけに色素が現れます。この模様は、野生型 C 遺伝子の突然変異型の劣性 c^s 遺伝子（シールポイント遺伝子）のホモ接合体 c^sc^s をもつ場合に出現します。

【メス：wwooaac^sc^sD-ssL- ／オス：wwoaac^sc^sD-ssL-】

ヒマラヤン

白やこげ茶色の長い毛が特徴的で、毛を長くする遺伝子 ll をホモ接合体でもつ長毛種とわかります。黒い色素が顔、耳、手足の先などに明瞭で、背中にはそれより薄い色の毛が認められます。これも右ページのネコと同じく、体中の毛の色素を手足の先、顔、耳、尾の先などだけに出現させる劣性遺伝子 c^sc^s の働きによります。シマ模様が出ていないので、aa をもちます。

【メス：wwooaac^sc^sD-ssll ／オス：wwoaac^sc^sD-ssll】

タビーポイント

顔と尾の先を見ると、普通のサバジマのキジネコのようです。体の中央部分にはうっすらとシマ模様が見えるようですが、ぼんやりとしています。これも、体中の毛の色素を手足の先、顔、耳、尾の先などだけに出現させる劣性遺伝子 c^sc^s の働きによります。

【メス：$wwooA\text{-}c^sc^sD\text{-}ssT\text{-}L\text{-}$ ／オス：$wwoA\text{-}c^sc^sD\text{-}ssT\text{-}L\text{-}$】

第三部　基礎知識編

ネコと遺伝をもっと知りたい

ネコの模様と遺伝子の関係、楽しんでいただけたでしょうか。この第三部では、もう少し詳しく遺伝と遺伝子のしくみについて説明しますので、前のほうでわかりにくかったところについても、理解が深まるのではないかと思います。また、ネコについて、もっと知ることができるよう、飼いネコの歴史やネコの体の特徴についても紹介します。

イエネコのルーツ

ライオンやトラ、オオカミ、クマ、パンダなどは、動物園で人気を集めていますが、これらの動物はすべて**ネコ目**（食肉類）という大きなグループに含まれています。ネコ目の多くの動物は、動物の肉を食べて生活しており、奥歯（臼歯）は肉をかみ切るのに適した形をしています。この本で取り扱っているネコ（**イエネコ**）も、この仲間に属しています。

日本に生息する野生の小型ネコには、西表に住むイリオモテヤマネコや、対馬に住むツシマヤマネコなどが知られています。これらのネコは体型や毛色などにイエネコと共通した特徴をもっていますが、いろいろな証拠から、イエネコの直接の先祖ではないと考えられています。

多くの考古学的な証拠から、イエネコの先祖は、北アフリカから西アジアに生息していた**リビアヤマネコ**ではないかと考えられてきました。このリビアヤマネコは、スカンジナビアからアジアまで、とても広い地域に生息していたヨーロッパヤマネコの亜種とされています。最近になって、いろいろなヤマネコの亜種と、世界各地に生息するイエネコとのミトコンドリア（酸素呼吸の中心となる細胞内小器官）DNAを比較した研究がおこなわれました。その結果、考えられていたとおり、いずれのイエネコも、約13万年前に中東の砂漠などに生息していたリビアヤマネコを共通の祖先としてもつことがわかってきました。リ

リビアヤマネコ

ツシマヤマネコ

ビアヤマネコは、その他のヤマネコ類に比べて、人になつきやすいという性質があるため、私たちの先祖が家畜化しやすかったと考えられています。

家畜からペットへ

人類が、移動しながら狩猟や採集をおこなうことで日々の糧を得ていた時代を経て、定住して農耕を主とする生活を始めるようになったのは、およそ一万一千年ほど前と考えられています。それ以降、私たちの先祖は、収穫した作物や採集した木の実などを貯蔵するようになりました。すると、これをねらって人の住み家近くに**ネズミ**が出没し、貯蔵庫内や農耕地の作物を食い荒らしたりするようになりました。

人の定住地近辺で多くのネズミが繁栄するようになると、今度はこのネズミを漁りに、人間社会の近くに現れるようになったのが、リビアヤマネコでした。このネコがとても狩りが上手で、憎いネズミをよく退治することに気づいた人々は、ネコを大切に扱うようになりました。たまには餌をやったり、母ネコからはぐれてしまった子ネコを飼育したりすることもあったでしょう。ほかのヤマネコに比べて従順でなつきやすい性質をもつリビアヤマネコは、人に飼い慣らされるようになりました。こうして、農耕地や貯蔵庫をネズミの被害から守ってくれるネコは、次第に重要な地位を占め、大切に保護すべき仲間となり、**家畜化**も進んだと考えられています。

エジプトでは、紀元前二三〇〇〜二〇〇〇年に、ネコが完全な家畜化状態となりました。墓に埋葬され、ミイラにされた多くのネコも発見されています。古代エジプトでは、ネコは聖なる獣として崇拝の対象となり、国外へのもち出しは厳禁だったようです。ところが、商人たちにより秘密裏にもち出され、次第に**ペット**として高値で売買されるようになり、各地へと広がっていきました。

その後、商業活動の拡大につれて、ネコは海路によりインドへ運ばれ、またシルクロード経由で中国へも運ばれていきまし

古代エジプトのネコのミイラ

た。中国では五世紀に、日本には六世紀には定着したとされていますが、これらの国々では、貴重なカイコの繭（まゆ）をネズミの食害から守るために大切にされたようです。また、ネコが日本に連れてこられた最初の目的は、仏教の経典をネズミの食害から守ることにあったという説もあります。

日本の書物・絵画に登場するネコ

日本の歴史にネコが初めて現れるのは平安時代です。宇多天皇（八六七～九三一）が書いた日記に、ネコに関する記述があり、これが記録された史上最古の飼いネコとされています。そこでは以下のように記述されています。『皆浅黒色也、此独深黒如墨』（ネコはすべて浅黒いものだが、これは墨のように黒い）。つまり、このネコは明らかに黒ネコと思われます。

その後も、いろいろな絵画や文章にネコは描かれてきました。ずっと時代が下り、江戸時代には浮世絵や絵草子にネコが描かれました。そのなかでも、歌川国芳はよくネコを描いたことで知られています。（下図）

歌川国芳「其まゝ地口 猫飼好五十三疋」（嘉永元年、1848年）

東海道五十三次の宿場町名を、語呂合わせで猫のしぐさとして描いたもの。品川は「白顔」、川崎は「蒲焼」など。

ネコの骨格と特徴

　ここでは、これまで取り扱ってきたネコの毛色と模様からいったん離れ、ふだんあまりお目にかからない、ネコの骨格をご覧に入れましょう。図1から図5は同じネコの個体の写真で、「アメリカンカール」という品種のネコです。

ネコの頭と歯

　ネコの頭は、イヌと比べると、長細くなく、凹凸が少ない印象があります。図1や図2で明らかなように、**頭骨**は前後方向に比較的短く、鼻先はあまりとび出ていません。また、**眼球**を収める部分がとても大きく、前方を向いていることがわかります。大きな眼球は、獲物の動きをよく見極めるのに有効です。

　上あごの**犬歯**（図1・2の黄矢印）はとても長く、先端はとがっていてめだちます。この歯は獲物に咬みつき、丈夫な皮膚を切り裂くことを可能にしており、高い殺傷能力をもつ武器として使われます。上あごの両側には、鋭い稜とがった先端をもつ歯が一対発達しており、**裂肉歯**とよばれます。（図3の青矢印）。

　下あごには、やはり大きくて鋭い稜をもつ歯があり、これらの上下二本の歯でハサミのように肉や骨を破砕できるような構造となっています。その代わり、ネコはイヌと違って骨の中身（骨髄）を食べることはなく、骨をガリガリかみ砕く必要はないので、すりつぶしに適した形の歯はもっ

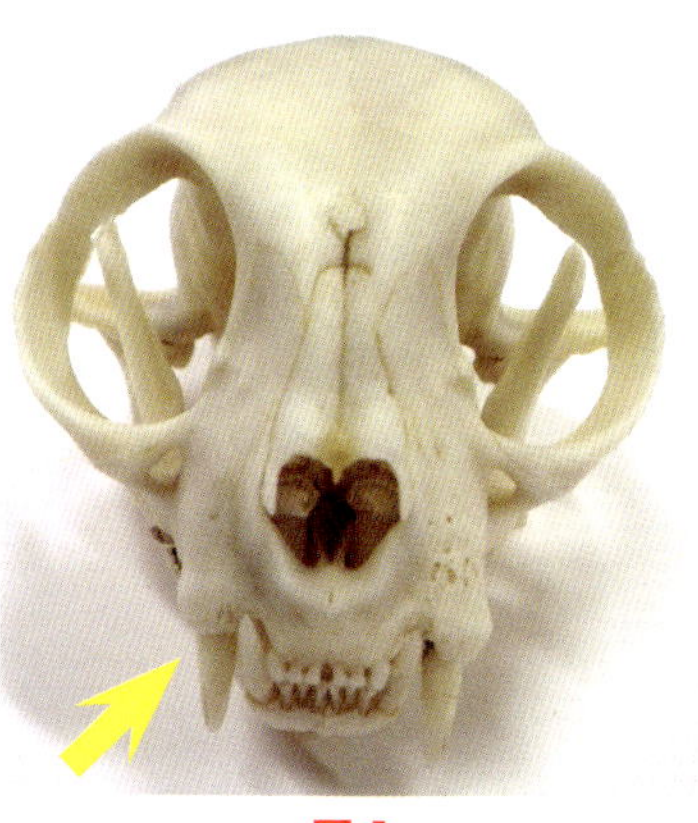

図1

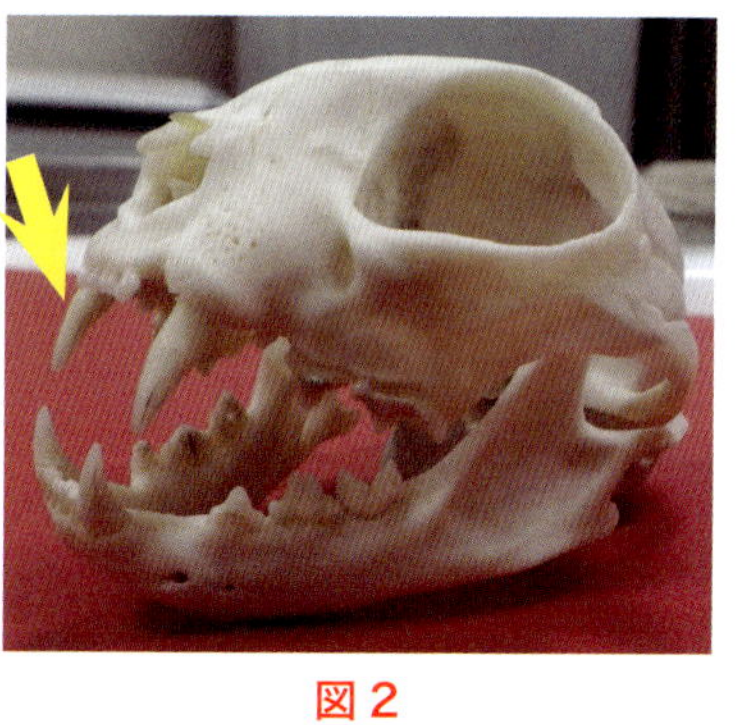

図2

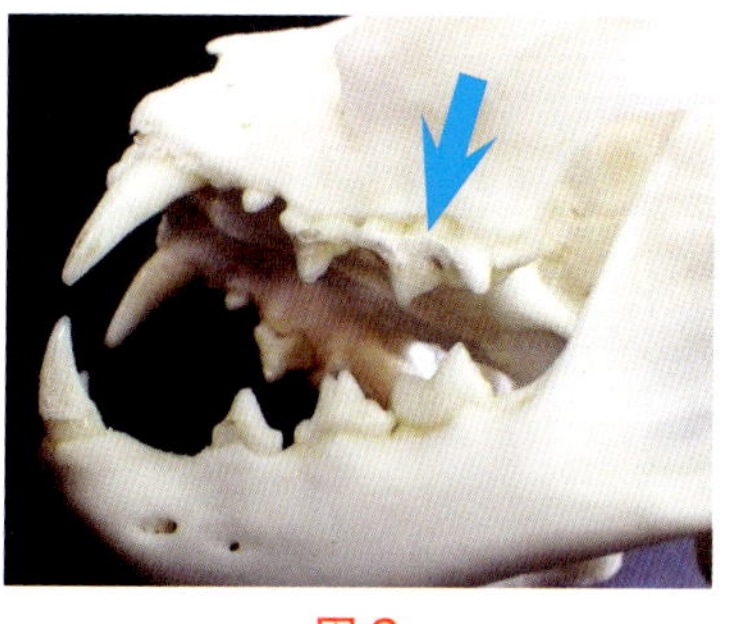

図3

ていません。あごの関節面は奥歯の噛み合う面とほぼ水平な位置にあり、下あごは上下にだけ動き、前後左右の運動はできないようになっています。人間は雑食性なので、下あごは前後左右にかなり動かすことができるようになっています。今度、物をかむとき、ためしに動かしてみてください。

ネコの四肢

ネコの仲間は、このように特殊化した歯をもつ一方で、体や四肢の骨は哺乳類の原型を保っています。獲物に静かに忍び寄って、急速な攻撃を仕掛けるのに適した長い手足をもち、短距離のすばやい移動にあった体つきをしています。襲いかかるときには、後足で跳ね、背中は屈曲し、前足で獲物の上に着地します。このとき獲物を着実に確保するために、手足の指先にはよく発達した鋭い**かぎ爪**を備えています。図4はネコの左前足の骨格で、先端の骨（末節骨）に薄い茶色のかぎ爪があります（図4の赤矢印）。ネコは、移動する際、手足の指骨全体を地面に着地させて歩きます。走るときに邪魔にならないように、手足の先は爪を引っ込めることのできる構造になっているのです。さらに、走る際の衝撃を吸収するため、着地する部分に**肉球**が発達しています。

ネコは、脊柱の周りの筋肉を総動員して体幹を屈曲・伸展させるという方法により、走る能力をさらに増大させています。これにより、一歩の歩幅が拡大し、走行スピードの増加という有利さを手に入れることができました。図5はネコの全身骨格です　長い手足と、しなやかで可動性の高い脊柱をもつことがわかります。

（図1～5の骨格標本は栃木県立博物館蔵）

図5

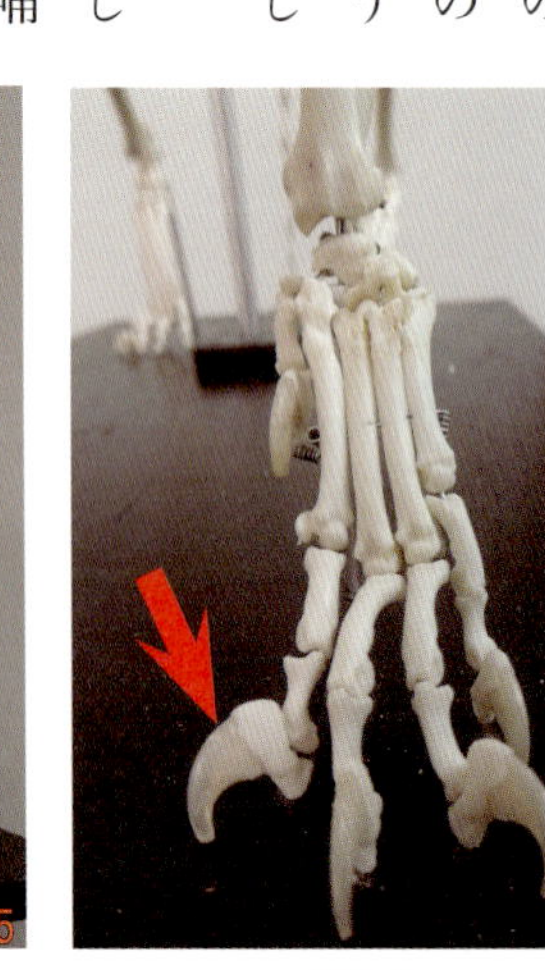

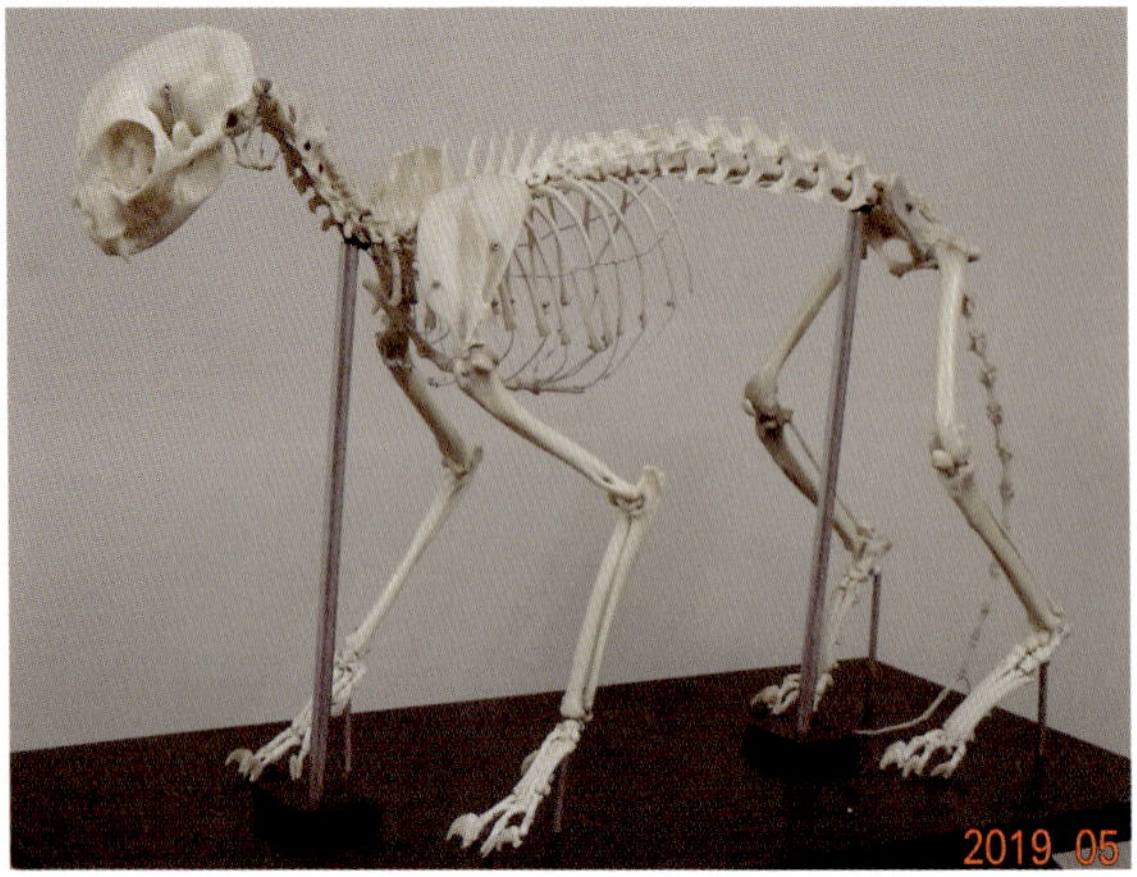

図4

遺伝子と染色体

遺伝子と染色体

遺伝子には生物の形や性質などを決定する働きがあり、生物は多数の遺伝子をもっています（ネコでは約二万）。遺伝子は、細胞の核の中に含まれる**染色体**上に並んでいます。その本体は**DNA**という物質です（図1）。

25ページで、茶毛をつくるO遺伝子は性染色体上にあるために、オスとメスとでもち方が異なると説明しましたが、ここでもう少し詳しくメカニズムを説明します。

染色体は、2本1対になっています。その数は種により決まっていて、ヒトでは46本（23対）、ネコでは38本（19対）です。ほぼすべての染色体は、形と大きさが同じもの（**相同染色体**）が1対になっています。そして、どの遺伝子がどの染色体上のどの位置にあるかは種ごとに決まっています。つまり、遺伝子は、対になっている2本の染色体上の同じ場所にあるので、2個ペアになるのです。では、染色体はなぜ2本1対なのでしょうか。

動物は、精子と卵の受精によって、新しい生命体のもととなる受精卵をつくります。そのために、オスは精子をつくり、メスは卵をつくります。そのとき、**減数分裂**とよばれる細胞分裂をおこない、2本1対の染色体が、1本ずつに分かれて娘細胞に入り、その数を半分に減らします。したがって、精子や卵は、対ではなく1本だけの形で染色体をもちます。それらが受精によって結び付き、細胞内で2本1対の染色体が回復するのです（図2）。その際、染色体はいろいろな組み合わせができるため、個体の遺伝子型は多様性に富むものとなります。

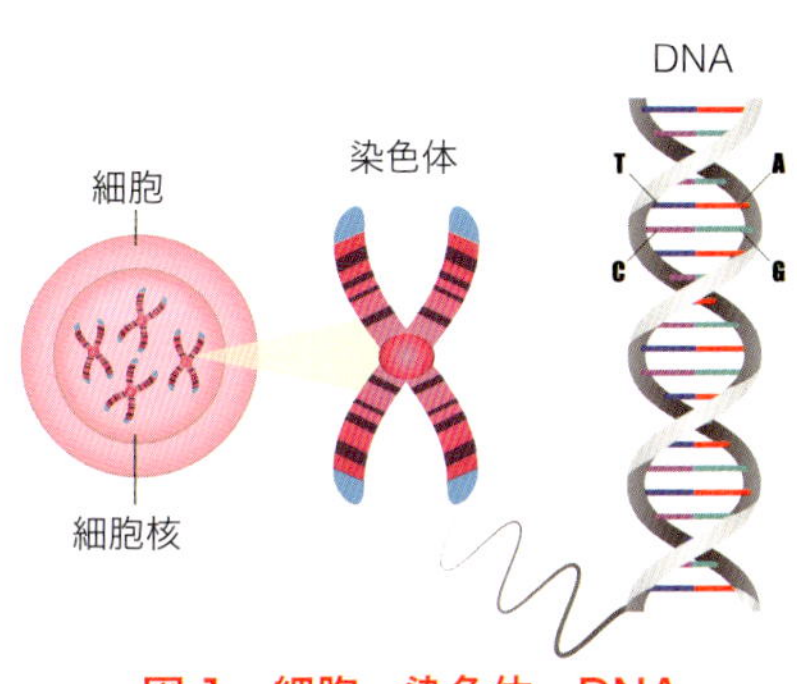

図1　細胞―染色体―DNA

母細胞

娘細胞（染色体が1本）

図2　減数分裂

性染色体と性別

ただし、染色体には1対だけ例外のものがあります。それが**性染色体**です（それ以外の染色体を**常染色体**といいます）。前にも述べましたが、性染色体は、オスとメスとで構成が異なり、ヒトやネコでは、オスはXとYとよばれる染色体を1本ずつもち、メスはXを2本もちます。性染色体の組み合わせによって、オスになるかメスになるかが決まります。

例を見てみましょう。図3のように、オスの細胞はAA BB XY、メスの細胞はAA BB XXという染色体をもつとします。A、B、X、Yは染色体につけた記号です。

オスが精子をつくる減数分裂では、性染色体が別々に分かれ、ABXとABYの染色体をもつ**精子**が半々に生じます。一方、メスが卵をつくるときには、**卵**の染色体はすべてABXとなります。

精子と卵の受精により生じた**受精卵**では、AA BB XXをもつものとAA BB XYをもつものとが半々に生じます。前者はメスとなり、後者はオスとなります。

このように、動物では、XとYの性染色体が性別を決め、その比率は1対1となることがわかります。O遺伝子は、この性染色体のX染色体上にあるため、オスには1個しか存在せず、常染色体上の遺伝子とは違ったしくみで現れるのです。ぜひもう一度25ページを読んでみてください。

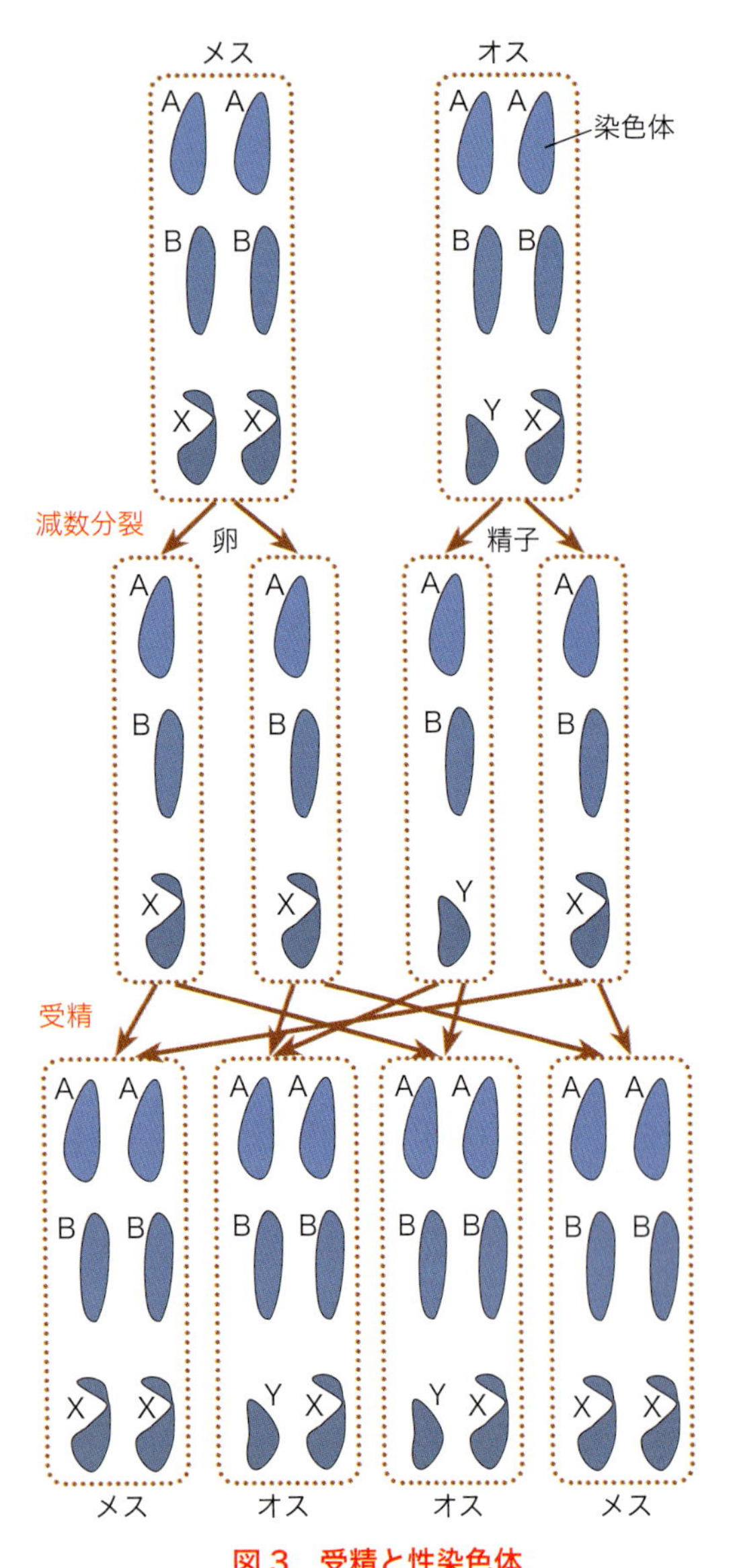

図3　受精と性染色体
精子や卵の数は実際の半分だけを示す。

メンデルの遺伝法則

黒のオスと黒ブチのメスとからどのようなネコが生まれるでしょうか。黒のオスはaa ss、黒ブチのメスをaa SSとすると、減数分裂で生じた精子はas、卵はaSとなります。これらを両親とするとき、受精卵はaa Ssとなり、生まれた子どもはすべて黒ブチとなります。これは**メンデルの法則**という遺伝のルールに従っています。メンデルの法則は次の三つの考え方から成り立ちます。

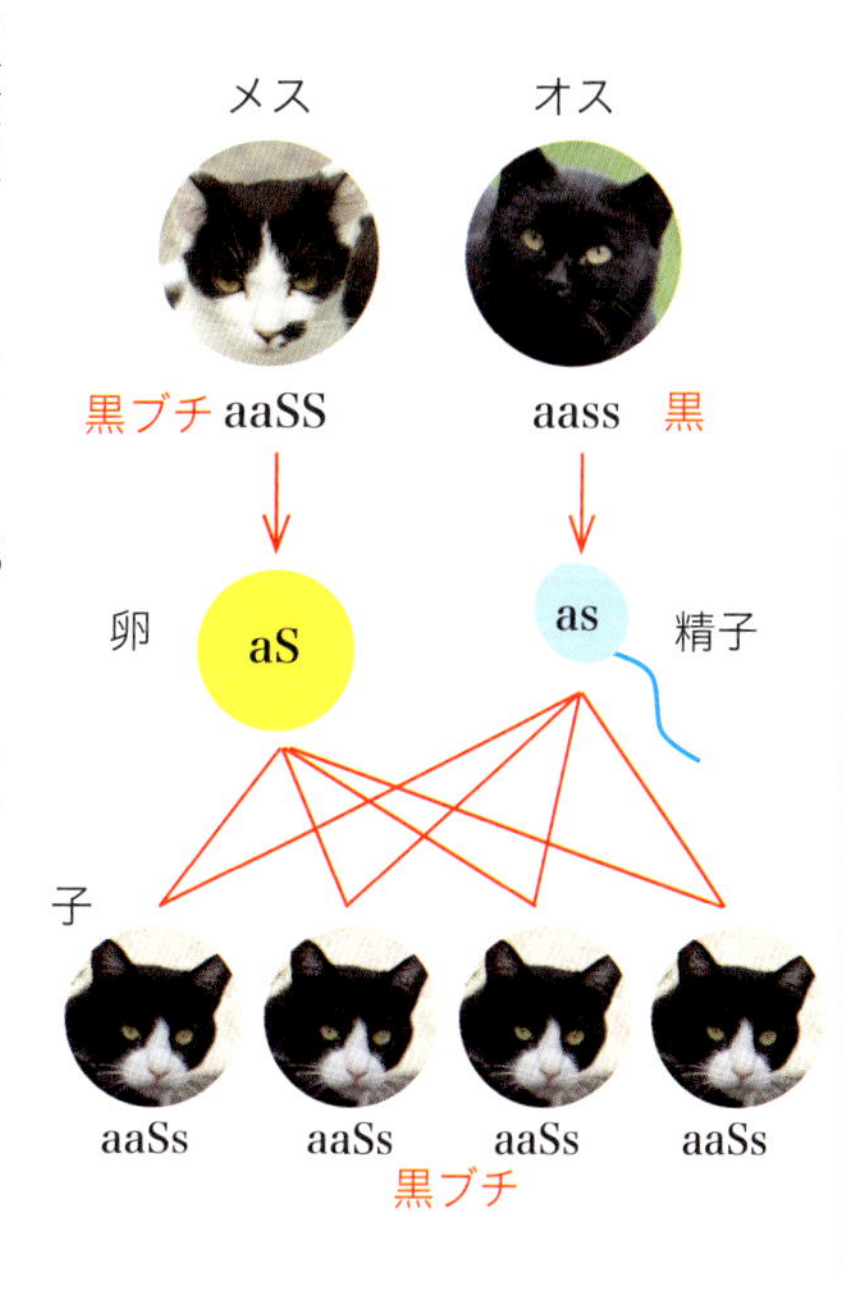

① 優性の法則

右のネコの例では、ブチの遺伝子Sを二つもつSSのメス、ブチでない遺伝子sを二つもつssのオスは、どちらも**純系**です。これらの交配で生まれる子は、母からSを一つ、父からsを一つもらうので、Ssという遺伝子をもち、ブチとなります。なぜなら、ブチをつくるSは**優性遺伝子**、ブチをつくらないsは**劣性遺伝子**だからです。両方の遺伝子がある場合は、優性遺伝子の形質が現れ、劣性遺伝子の形質は隠れます。これらの二つを**対立形質**といい、それらをつくり出す遺伝子を**対立遺伝子**といいます。

優性と劣性とはこのようにして定義される言葉です。優性が優秀で劣性は劣悪などと誤解を招くこともあるようですが、そのような意味はまったくありません。

② 分離の法則

配偶子とは、動物では卵と精子のことです。普通の細胞（体細胞）に二つペアで含まれている遺伝子は、配偶子には一つだけしか入りません。減数分裂時に相同染色体は別々の配偶子に分配されていくからです。たとえば、Ssは、減数分裂に際してSとsに分かれるのであって、Ssと「なし」にはなりません。したがって、配偶子には、対立遺伝子のどちらか一方しかありません。

先ほどの黒ネコと黒ブチネコの子どもは、すべてaa Ssをもつ黒ブチネコとなりました。では、aa Ssをもつオスとメスの黒ブチネコどうしの子どもはというと、下図のように黒ネコと黒ブチネコが生まれます。ブチをつくらない劣性のs遺伝子は子ども世代で形質として現れませんでしたが、遺伝子として分配・保持されていて、孫の世代でその形質が現れたのです。

メンデルの時代には、染色体と遺伝子の関係や、減数分裂の過程などがまだわかっていませんでした。それにもかかわらず、彼がこのような結論を導いたことは賞賛に値すると言われています。

③独立の法則

黒ブチのオスaaSS、とキジのメスAAssの交配の場合、子供はAaSsですべてキジブチとなります（表1）。この子どもの配偶子は、AS：As：aS：as＝1：1：1：1の比率でつくられます。

それらどうしの交配による次の代は、AASS：AASs：AAss：AaSS：AaSs：Aass：aaSS：aaSs：aass＝1：2：1：2：4：2：1：2：1となります。表現型を見ると、キジブチ：キジ：黒ブチ：黒＝9：3：3：1となります（表2）。

この法則は、いくつかの対立遺伝子の対が、それぞれ別々の相同染色体上にあるために成り立ちます。実際、A-a遺伝子はネコのA3染色体上、S-s遺伝子はB1染色体上にあります。そのため、A-a遺伝子と、S-s遺伝子はお互いに影響を受けることなく、それぞれ独立に遺伝していきます。ですから、下のような組み合わせの表をつくることができるのです。

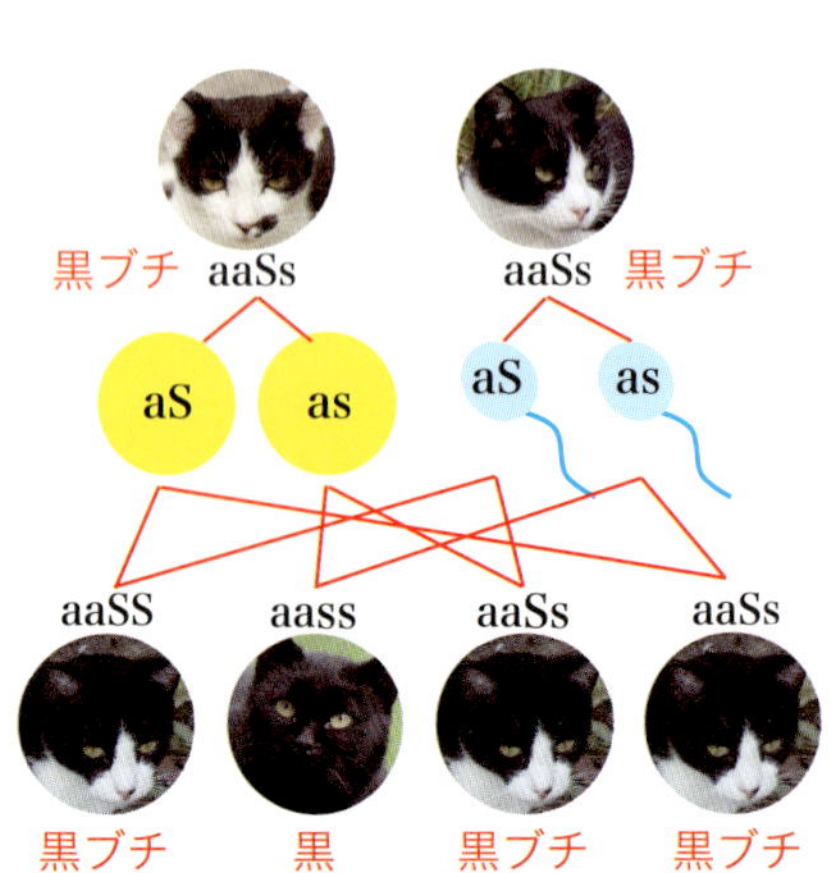

表1

メス＼オス	aS	aS
As	AaSs	AaSs
As	AaSs	AaSs

表2

メス＼オス	AS	As	aS	as
AS	AASS	AASs	AaSS	AaSs
As	AASs	AAss	AaSs	Aass
aS	AaSS	AaSs	aaSS	aaSs
as	AaSs	Aass	aaSs	aass

□：キジブチ　□：キジ　□：黒ブチ　□：黒

付録

ネコの遺伝子当てクイズ

ここまで読んでくださったみなさんは、身の回りでネコの姿を見ただけで、そのネコがどんな遺伝子をもつかわかるようになっているはずです。これからいくつか練習問題を出しますので、ぜひチャレンジしてください。最初は難しいかもしれませんが、慣れてくると、コツがつかめるはずです。そうなれば、街でネコと出会うのがもっと楽しくなりますよ。

遺伝子の働きを忘れてしまったときは、第一部に戻り、確認してから問題を解いてみてください。なお、以下の問題で、「**遺伝子型**」は遺伝子記号をいくつか連ねたものを示し、「**表現型**」とは遺伝子の働きが外に現れた色や形などを示します。

問題1 白色遺伝子 W-w

ネコの毛色をすべて白色とする遺伝子Wが一つでもあるネコは、茶や黒などの毛色は出現せず、体中の毛の色がすべて白色となります。したがって、WWまたはWwをもつネコは白色で、wwをもつネコは茶や黒などを体のどこかにもつことになります。(便宜上これを非白色とよびます)。以下の問題は、Wとwだけについて考えてください。

❶体全体が白色のメスと、同じく白色のオスの個体を交配したところ、子ネコが生まれ、その体色は、「白色：非白色＝3：1」の比でした。このとき、両親の遺伝子型はどんなものでしょう。

❷非白色のメスと白色のオスの個体を交配したところ、生まれた一匹の子ネコは、黒色の毛をもっていました。この両親と生まれた子ネコの遺伝子型はどんなものでしょう。

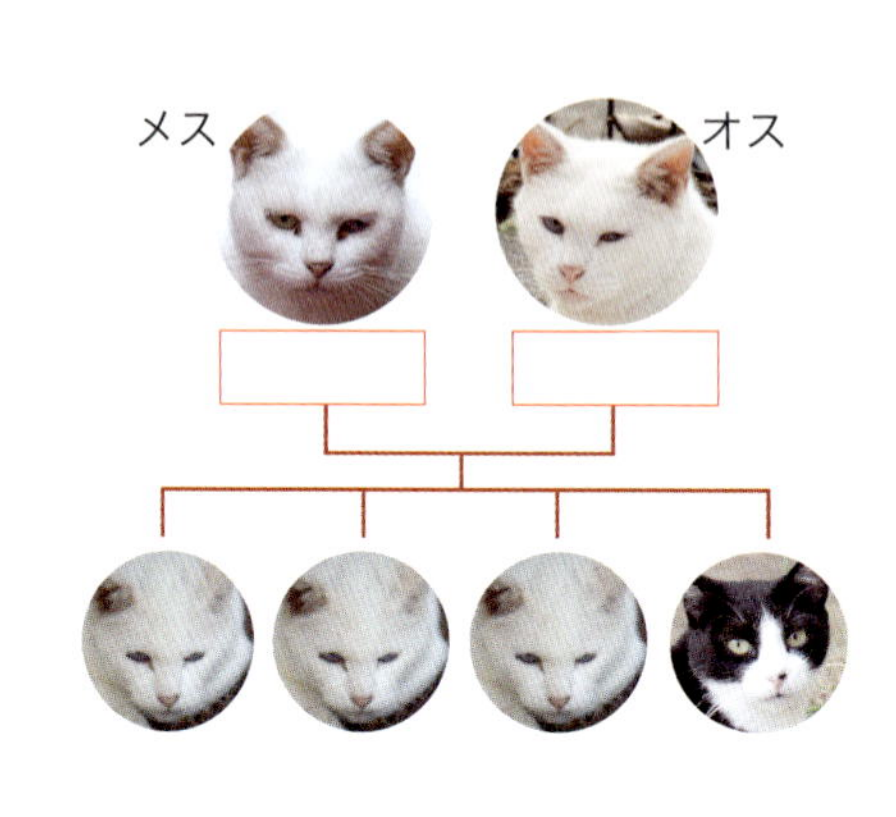

問題2 ブチ遺伝子 S-s

ネコの体の一部または大部分が白色で、さらに黒毛、茶毛、その他の色の毛をもつネコを「ブチ」とよびます。ブチは、W遺伝子ではなく、ブチ遺伝子Sにより出現します。Sをもつネコは体の一部が白毛となり、ssをもつネコはどこにも白毛がありません(便宜上これを「ブチなし」

とよびます）。この問題は、Sとsだけについて考えてください。

❶お隣の家には、体に白い毛がなく（ブチなし）、全身にシマ模様のあるメスのキジネコがいます。このメスが今年四匹の子ネコを生み、母と同じキジネコ二匹と、キジブチのネコ二匹とが生まれました。父親は不明ですが、この父親ネコはどのような毛色と模様をもつと考えられるでしょうか？　ブチまたはブチなしの区別と、その遺伝子型を答えてください。

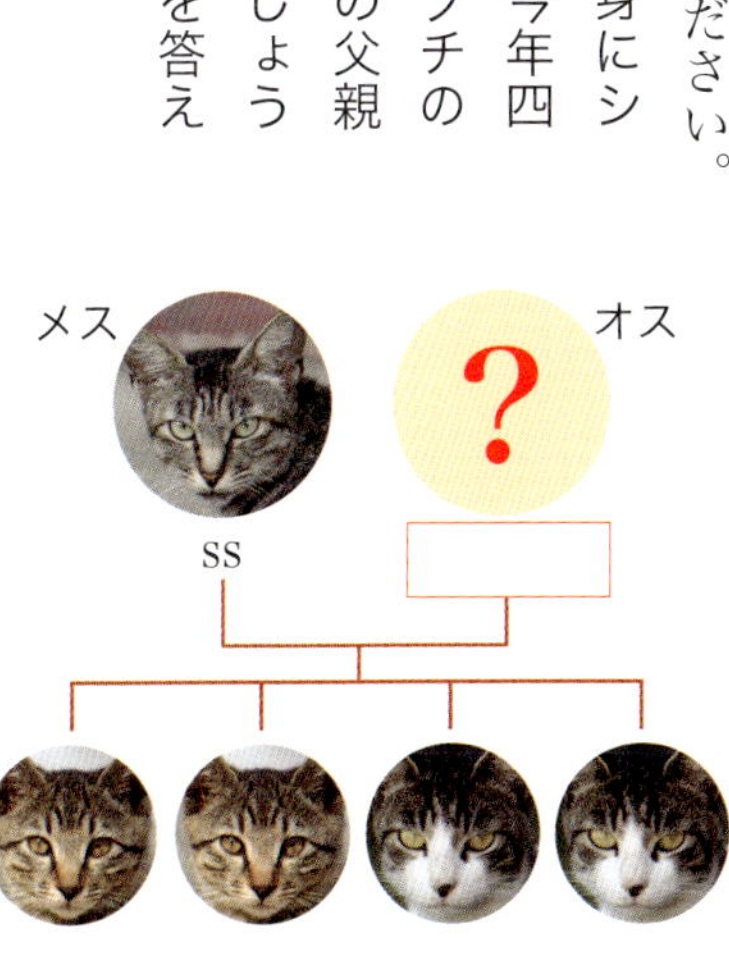

問題3　三つの遺伝子の組み合わせ

W-w
A-a
S-s

次の毛色と模様をもつ父親ネコと母親ネコの交配により、子ネコにはどのような模様が出現すると考えられるでしょうか。今回は遺伝子を増やして、W-w、A-a、S-sの三つの遺伝子について考えてください。なお、102ページで説明したように、これらの遺伝子はそれぞれ別の染色体上にあるので、お互いに影響し合うことなく遺伝します。また、出現する比率は無視して考えてください。

❶父親、母親ともにキジ

メス　オス

❷父親が黒で母親が黒ブチ
（ブチはSsをもつとする）

メス　オス

❸父親がキジで、母親が黒

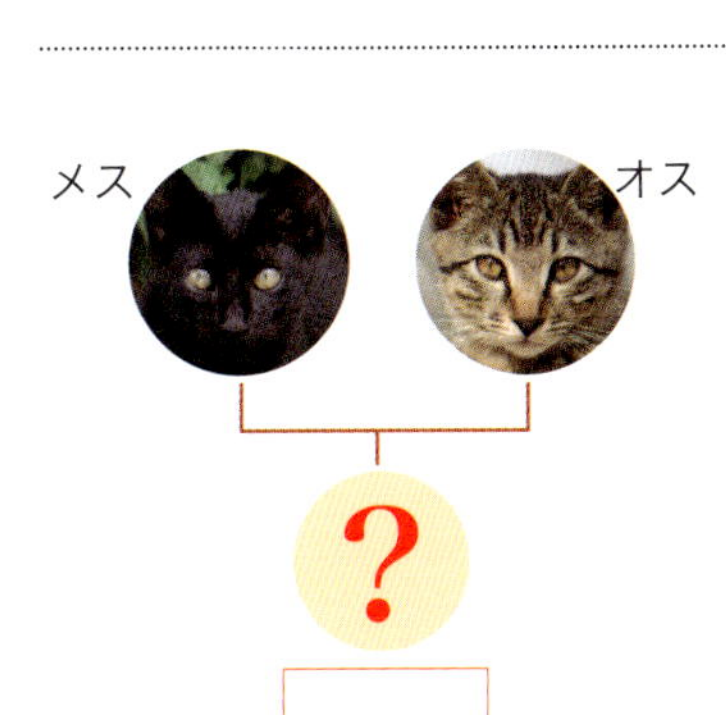

問題4 O遺伝子のしくみ

O-o

ネコの毛色に関して以下の問いに答えてください。ただし、遺伝子はO-o、A-a、S-sのみについて考えればよく、以下のすべてのネコに存在するwwは省略しています。また、X、Yはそれぞれ、X染色体、Y染色体を表します。そして、X^OはX染色体上の優性遺伝子Oを、X^oはX染色体上の劣性遺伝子oを表します。O-o遺伝子はY染色体上には存在しません（25ページ参照）。

❶ネコが次の遺伝子をもつとき、その毛色と模様を判定してください。

メス

(1) X^oX^oaass

(2) X^OX^oaaSs

(3) X^OX^oaass

オス

(4) X^OYaaSs

(5) X^oYaass

(6) X^oYaaSs

❷黒ネコの父親（X^oYaass）と、黒二毛ネコの母親（X^OX^oaass）の交配による子どもには、どんな模様のネコが出現するでしょうか。子どもがオスの場合とメスの場合とに分けて答えてください。

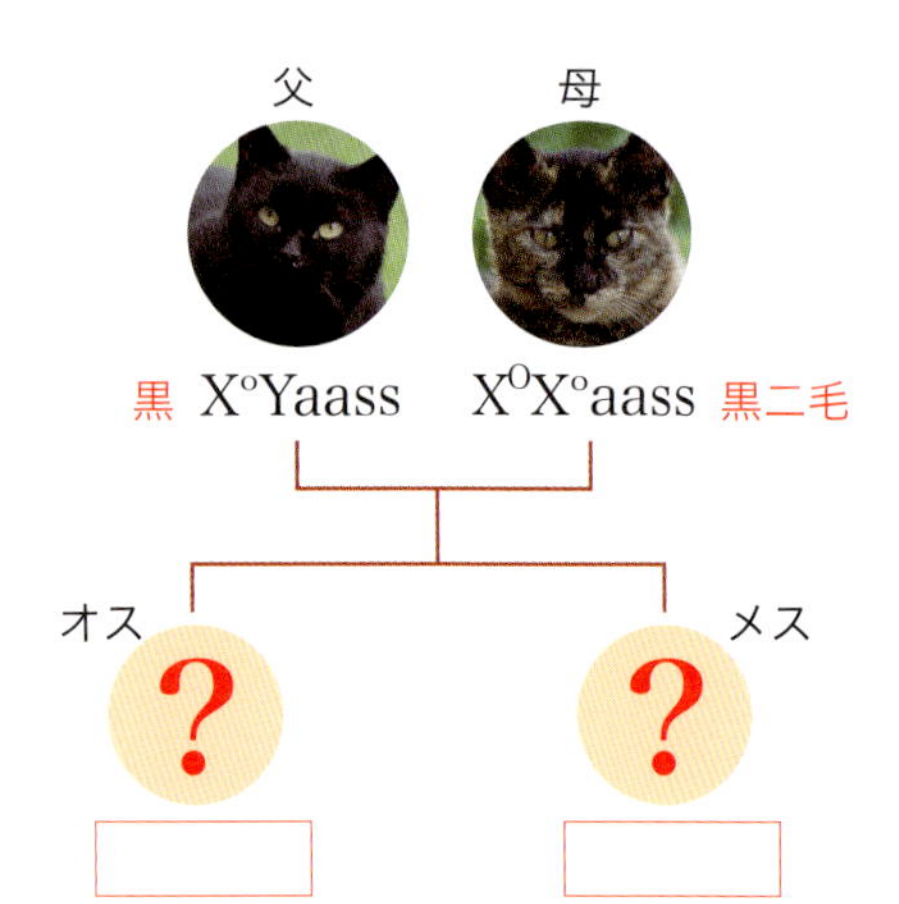

問題の解答と解説

問題1

❶解答　父母ともにWw

体全体が白色のネコは必ずWをもちます。そこで、このオスとメスは、WWまたはWwのどちらかです。生まれた子ネコの体色は、白色：非白色＝3：1という結果なので、これをもとに考えていきます。もしWWとWWの交配であれば、子どもは必ずWWとなり、すべて白色となります。WWとWwの両親からは、WWまたはWwの子どもが生まれ、どちらの場合も白色となります。したがって、以上の場合は除外します。両親がWwとWwの場合、下の表のように、次の代はWWとWwとwwの三通りの場合が考えられ、それらの出現比率は1：2：1となります。これより、両親の遺伝子型はオス、メスともにWwと決定できます。

Ww＼Ww	W	w
W	WW	Ww
w	Ww	ww

❷解答　母ww、父Ww、子どもww

非白色のメスは、色のついた毛をもっていることになり、Wをもたずwwとなります。白色のオスはWWまたはWwです。交配により、黒色の毛をもつ子どもが生まれたことから、この子どもはwwであることがわかります。もし、オスがWWであれば、相手のメスはwwなので、子どもは必ずWwとなり、白色となります。オスがWwとすると、相手のメスはwwなので、生まれる子どもは、Wwとwwの二通りとなり、これらが1：1で出現することになります。これより、この後者が解答となります。

問題2

❶解答　父親はブチがあり、Ssをもつ

母親のメスは白毛がないブチなしなので、必ずssとなります。生まれたキジの子どもはブチなしでssであり、キジブチの子どもはSSまたはSsをもつことになります。遺伝子が不明の父親ネコは、Sに関しては、SS、Ss、ssのどれか一つになります。父がSSのとき、母はssなので、子どもは必ずSsとなり、すべてブチネコばかりとなります。父がssで母がssのとき、子どもは必ずssですべてブチなしとなります。父がSsのとき、母はssなので、下の表のように、子どもはSsのブチとssのブチなしとが生まれることになります。

Ss＼ss	s	s
S	Ss	Ss
s	ss	ss

問題3

❶解答　キジまたは黒（両親がwwAass×wwAassのとき黒ネコが出現する）

父母ともにキジ（色と模様）が出現しているので、wwをもちます。また、ブチもないので、ともにssをもちます。よって、父母ともwwssをもつので、子どもは必ずwwssをもつことになります。

次に、Aとaについて考えます。キジということはアグチ毛をもち、黒毛でないので、AAまたはAaである

ことがわかります。父母ともにAAのとき、子どももAAとなり、すべてキジとなります。父母がAAとAaのとき、子どもはAAまたはAaとなり、これもすべてキジです。父母がともにAaのとき、子どもはAA、Aa、aaのどれかになり、前の二種類ではキジ、aaでは黒毛となります。

❷ **解答**　黒ブチまたは黒（ww aa Ssまたはww aa ss）

父親の黒はブチをもたないので、ww aa ssとなります。母の黒ブチは、Ssをもつとあるので、ww aa Ssと決まります。これらの交配では、子どもは必ずww aaをもつことになり、ssとSsの交配の部分だけを考えればよいことになります。すると、子どもにはSsの黒ブチとssの黒が生じることがわかります。

❸ **解答**　キジまたは黒

父親はww AA ssまたはww Aa ss、母親はww aa ssとなります。両親がww ssをもつので、子どもも必ずww ssをもちます。父親がAaのとき、子どもはAaまたはaaをもつ可能性があり、前者はキジ、後者は黒となります。

問題4

❶ **解答**

(1) aaは黒、ssはブチなし、X^oX^oでは茶色以外が現れるので、全体として「黒」となります。

(2) aaは黒、Ssはブチあり、X^OX^oは茶と黒が両方出現するので、全体としては「黒三毛」となります。

(3) aaは黒、ssはブチなし、X^OX^oは茶と黒が両方出現するので、全体としては「黒二毛」となります。

(4) Ssはブチあり、X^OYは茶毛をつくり、aaで出現するはずの黒を抑制するので全体として「茶ブチ」となります。

(5) ssはブチなし、X^oYは茶毛をつくらず他の毛色となりますが、aaにより黒が形成され、全体として「黒」となります。

(6) Ssはブチあり、X^oYは茶毛をつくらず他の毛色となりますが、aaにより黒が形成されるので、全体として「黒ブチ」となります。

❷ **解答**　メス：黒二毛と黒、オス：茶と黒

X^oY aa ssをもつ父親の形成する精子では、遺伝子の分配のしかたが二通り考えられ、X^oasとYasとが同数生じます。X^OX^o aa ssをもつ母親の形成する卵には、同様にX^OasとX^oasの二通りがあり、やはり同数生じると考えられます。

これらの交配結果は下のような表を作成して考えると、わかりやすくなります。

卵＼精子	X^oas	Yas
X^Oas	X^OX^oaass	X^OYaass
X^oas	X^oX^oaass	X^oYaass

ネコの性決定様式はXY型で、XXをもつとメス、XYのときはオスとなります。メスの欄を見ると、X^OX^o aa ssは黒二毛、X^oX^o aa ssは黒となります。オスの欄を見ると、X^OY aa ssは茶、X^oY aa ssは黒となります。

以上の結果をまとめると、「メスでは黒二毛と黒」、「オスでは茶と黒」がそれぞれ出現する可能性のある型としてあげられます（オスでは茶：黒＝1：1、メスでは黒二毛：黒＝1：1の比で出現します）。

参考文献

① 野澤謙「ネコの毛色多型(1)〜(3)」遺伝 44,（10）〜（12),（1990）

② 野澤謙・並河鷹夫・川本芳「日本猫の毛色などの形質に見られる遺伝的多型」在来家畜研究会報告 13, 51-115（1990）

③ 野澤謙『動物集団の遺伝学』名古屋大学出版会（1994）

④ 野澤謙『ネコの毛並み』裳華房（1996）

⑤ 野澤謙・川本芳「日本猫の毛色などの形質に見られる遺伝的多型　第４回集計結果：日本本土内市町村副次集団における多型の統計的分析」在来家畜研究会報告 26：105-139（2013）

⑥ 遠藤秀紀『哺乳類の進化』東京大学出版会（2002）

⑦ 今泉忠明『飼い猫のひみつ』イースト・プレス（2017）

⑧ 大石孝雄『ネコの動物学』東京大学出版会（2013）

⑨ 仁川純一『ネコと遺伝学』コロナ社（2003）

⑩ 仁川純一『ネコと分子遺伝学』コロナ社（2013）

⑪ 柚木直也「ネコの毛色変異　なぜ三毛ネコはメスだけなの？」遺伝 62（6), 25-31（2008）

⑫ アルフレッド・S・ローマー，川島誠一郎訳『脊椎動物の歴史』どうぶつ社（1987）

⑬ ジョン・ブラッドショー，羽田詩津子訳『猫的感覚』早川書房（2017）

⑭ 桐野作人『猫の日本史』洋泉社（2017）

⑮ 浅羽宏「ネコの毛色の遺伝」遺伝 54（7), 81-86（2000）

⑯ 浅羽宏「ネコを調べて集団遺伝を理解する」蔵出し生物実験『遺伝』別冊 18 号 ,75-78（2005）

⑰ 浅羽宏「『ネコの毛色』の教材化と実践」東京学芸大学附属高校研究紀要 Vol.49, p.23-30（2012）

⑱ Using the domestic cat in the teaching of genetics , Judith F. Kinnear. *Journal of Biological Education*, 20（1）:5-11.（1986）

⑲ Genetics of the Domestic Cat A Lab Exercise , Roger E. Quackenbush. *The American Biology Teacher*, 54, No.1:29-32.（1992）

⑳ Genetics for Cat Breeders 3rd Edition, Roy Robinson, Butterworth Heinenmann（1990）

㉑ Cats as an Aid to Teaching Genetics, Alan C. Christensen. *Genetics* 155:999-1004（2000）

■ 写真クレジット

著 者　p.6, 7 左 , 10 右下 , 13 下 , 14, 16, 17 下 , 21 下 , 51, 81, 97, 98

Shutterstock　p.7 右（Lids123）, 34（thirawatana phaisalratana）, 35（Joji Shima）, 37（noomcpk）, 45（Anna Andersson Fotografi）, 46（Fotorina）, 50（Pierre Aden）, 72（Chepko Danil Vitalevich）, 75（Dan Shachar）, 89（Puripat Lertpunyaroj）, 90（DecemberDah）, 91（Anne Richard）, 92（Elya Vatel）, 94（nekoD）右 , 94（EcoPrint）左 , 95（Andrea Izzotti）, 99 右（Ody_Stocker）, 99 左（Aldona Griskeviciene）

上記以外は坂井雅人（そのうち p.21, 47, 88 は「ねこコレ新潟市役所前店」にて撮影）

あとがき

　私が小学校低学年のころ、家にメスのキジネコが飼われていました。あるとき、近所の縁日でニワトリのヒヨコを買い求め、大切に家にもち帰りました。そこに、ちょうどネコがやってきました。あっという間でした。小さなヒヨコはネコの前足の一撃で死んでしまいました。完成したハンターとしてのネコの面目躍如でしたが、それ以来、あまりネコが好きではなくなってしまいました。これが、私の幼いころのネコとの思い出です。

　二十年ほど前、ネコの毛色と模様の現れ方が、十個あまりの遺伝子の働きでおおむね説明できることを、京都大学名誉教授 野澤謙先生（二〇二〇年逝去）の著作『ネコの毛並み』（裳華房、一九九六年）により知りました。これは、それほどネコ好きではなかった私とネコとの、新たな運命的な出会いでした。それ以来、ネコの毛色と模様の遺伝のおもしろさに惹きつけられ、強い興味と関心とをもち続けました。休日には、カメラを片手に各地でネコの写真を撮り、それぞれの個体がもつ遺伝子を考えたり、ネコの親子に出会うと、どのように毛色や模様が遺伝しているかを推察したりしました。

　ちょうどそのころは、高校で生物の教師をしており、そのおもしろさを生徒たちにもぜひ伝えたいと思いました。そこで、ネコの毛色と模様の遺伝を授業の教材として用いたり、地域のネコを調べて遺伝子を考察するレポートを課題に出したりしました。このような、教師のかなりマニアック（？）な授業やレポートに、当時の高校生諸君は熱心に取り組み、いろいろな疑問を投げつけてくれました。生徒たちの質問や、遺伝についての素朴な疑問などを考えていくなかで、私自身の考察や推論も幅広くなり、深みを増すこともできました。この点で、授業をよく聞いて、いろいろな質問を投げかけてくれた当時の生徒たちには、とても感謝しています。彼ら彼女らの熱心さと食いつきがなかったら、私はネコのテーマを教材として扱い続けることもなかったでしょうし、この書物は世に出なかっただろうと思います。卒業後何年も経ったクラス会で、今でもネコを見かけると遺伝子を考えてしまうんですよね、などというお話を聞くと、ネコの毛の遺伝はなかなか印象深かったのだな、と感慨深い思いがいたします。

また、見ず知らずの私からの質問に、ご丁寧なお返事を下さったり、論文別刷り等をお送り下さったりして、親切にご指導いただき、私の背中を押して下さった野澤先生には、本当にお世話になりました。この場をお借りして厚く御礼申し上げます。

これまでたくさんの方々から、ネコの写真を提供していただいたり、ネコが出没する場所の情報をいただいたりしたことが、データの収集と研究の継続にたいへん役立ってきました。ありがとうございました。

第三部に掲載したネコの骨格標本は、栃木県立博物館在職時に私が作成したものですが、写真掲載においては、同博物館にご協力をいただきました。

この本をつくるにあたり、化学同人編集部の後藤南氏には、ずいぶんとお世話になりました。ページをめくっていて、きれいなだけではなく、遺伝を中心とした見方が軸となるネコの本を世に出したい、という編集部の熱意に押され、研究者でもない私がお引き受けすることになりました。文章ばかりが多くておもしろみのない私の原稿が、アイコンや図解に富み、カラフルで読みやすいこのような本となったのは、ひとえに後藤氏が、一般の方にわかりやすくなるようにと、実用的な意見や指示を出して下さったからにほかなりません。

この本がネコの毛色と模様の遺伝のおもしろさを、広く知っていただくきっかけになれば幸いと思っています。

浅羽　宏

二〇一九年七月

■著者　**浅羽　宏**（あさば　ひろし）

1952年東京都板橋区生まれ。東京教育大学理学部生物学科動物学専攻卒業、同大学院修士課程修了。東京都立高校、東京学芸大学附属高校などに勤務し、定年退職。その後、東京学芸大学理科教員高度支援センター研究員、栃木県立博物館学芸嘱託員、電気通信大学非常勤講師を経て、現在、横浜市理科支援員。博物館では約百二十体の鳥や哺乳類の骨格標本作製に従事し、イノシシ、アライグマ、ネコ、イヌの組立て骨格標本を作製。一男二女の父。趣味は百名城めぐり、マラソン、山歩き。

ネコもよう図鑑

色や柄がちがうのはニャンで？

2019年8月8日　第1刷　発行
2023年7月20日　第9刷　発行

検印廃止

著　者　浅　羽　　宏
発行者　曽　根　良　介
発行所　（株）化学同人

〒600-8074 京都市下京区仏光寺通柳馬場西入ル
編集部　TEL 075-352-3711　FAX 075-352-0371
営業部　TEL 075-352-3373　FAX 075-351-8301
振　替　01010-7-5702
e-mail　webmaster@kagakudojin.co.jp
URL　https://www.kagakudojin.co.jp

印刷・製本　（株）シナノパブリッシングプレス

ISBN978-4-7598-2015-7